▲日本のアビ鳥渡来情景（徳島県鳴門市北灘町 2009.4.3 撮影者 森　芳雄）

▲▶北欧の静寂な湖に浮かぶアビ　夏羽
（フィンランド・オウル市 2009.5.26 撮影者 Jari Peltomäki）

▲シロエリオオハムのペア　夏羽（アラスカ 1994 撮影者 Johnny Johnson）

▲独特なフォームの飛翔 シロエリオオハム 夏羽
（カナダ 2010 撮影者 Glenn Bartley）

▲後部わき腹の白斑が特徴のオオハム　夏羽
（フィンランド 2005.5.8 撮影者 Markus Varesvuo）

▲北米で親しまれるハシグロアビ　夏羽（アラスカ 撮影者 Bob Richey）

◀アビ漁に従事したシロエリオオハム　冬羽（広島県豊田郡豊浜村 1960 年代　提供者 西野富松）

▼日本海に集うシロエリオオハムの群れ
（石川県加賀市加賀海岸 2007.2.21 撮影者 加藤明子）

▲瀬戸内のアビ漁の風景（愛媛県越智郡関前村 1955.3.17 撮影者 愛媛新聞社）

Junko Momose

百瀬淳子 著

人と鳥の文化動物学

アビ鳥《どり》を知っていますか

福村出版

まえがき

アビ鳥の本を出すことになった。アビ鳥では二冊目になる。

一冊目は平成七年（一九九五）に『アビ鳥《どり》と人の文化誌——失われた共生』という題で書いた。アビ類という海鳥と人間とのたぐいまれな関わりを、二つの場所、日本と外国を舞台に展開させたものである。越冬地の日本では、漁民とともに生き、神の使いあるいは神とまで崇められた。繁殖地の北極圏域では、美しい姿の原始宗教シャーマニズムに結びつく鳥として、聖なる鳥と信仰された。

出版すると、この本はたいへん高い評価をいただいた。それはひとえに材料の豊富さ、面白さによるものである。南では、世界に類をみないユニークな漁業のありかた、その中に生きる人と鳥との交流である。北のシャーマニズムの世界では、多くの魅力的な伝承をつむいできた。両方とも、今はもう失われてしまった時を描いての歴史の書になる。

この最初の本を出版した後も、私はいろいろとアビ鳥との関わりをもった。そしてそのつど、それらを文章にしてきた。営みの記録というか、自分との問答というか、そのような形で残してきたのである。それは多方面にわたっている。それらを、前書のいわば続編のような意味で二冊目の本にして、アビという鳥の一本の完結したストーリーにしたいと考える。また単に、自分だけの記録としてでなく、「豊浜町・アビ」の歴史として後世に残すことができればという、長らく関わりあった地への思いがある。

続編といっても、最初の本の出版から一六年がたっている。前の本を読まれていない方も多くおいでであろうから、どうしても前書の文を、とくにアビ鳥の基礎知識に関する記述を取り入れなければ、十分に理解できないものになってしまう。基礎知識は変更のないものであるから、この度の本には、前書の「第二章　アビ類について」と「第三章　越冬地で――瀬戸内のアビ漁」をそのまま載せてある。

また、北極圏域のシャーマニズムの物語も同じ観点から、これも前書の「第四章　伝承の鳥――シャマニズムとアビ伝承」および「同　繁殖地への旅――北米の人びととアラスカの旅」の一部の記述を入れた。

なお、アビ鳥という呼び方であるが、アビ科の鳥は五種あり、そのなかでアビ、オオハム、シロエリオオハムの三種が日本の瀬戸内に飛来する。広島県ではこの三種をひっくるめて

「県鳥あび」とし、県の鳥に指定した。地元の漁師さんは、これを「怒《いか》り鳥」とか「瀬鳥《せどり》」とか呼んでいる。私が親しくなった漁師さんは「アビ鳥」と呼んでおられた。私は本を書くにあたって、これを使わせて頂くことにした。アビ鳥でアビ科五種を指すものとして用いた。また、シャーマニズム、シャーマンという書き方であるが、前書ではシャマニズム、シャマンとしたが、今回はシャーマニズム、シャーマンという書き方にした。

以下に、章ごとの解説をしておきたいと思う。

第一章：瀬戸内に最後まで残った伝統漁法アビ漁、それを呼び戻そう、わが島のアビ鳥を守ろうとする人たちは考えうるかぎりの手をつくしてきた。また、広島のテレビ局の取材でリポーターとして訪れた繁殖地である北米には、アビ鳥にたいする手厚い保護活動があった。それは至れり尽くせりの素晴らしいものであった。

第二章：アビ鳥を愛する人たち、また何らかの関心を持つ人たちがいたことの証明である。とくに山口県の尾林治義氏は、毎日海に出て観察ができる漁民であると同時に、幼い頃から野鳥を愛するお人であった。アビ鳥の生態を具体的に教えてもらえる氏と知り合えたことは、私の貴重な財産になった。

第三章：ひるがえって、アビ鳥とはどんな鳥かという説明および名前の由来や伝説についてである。名前にとことんこだわった私は、不思議なアビ、オオハムの名の語源を、ついにつきとめた。

第四章：他には見られないユニークな漁業アビ漁の方法、また鳥と漁師の間に長年培われてきた深い信頼と愛情、信仰を描いた。

第五章：海洋汚染は海鳥の大きな脅威である。その一つの重油流出汚染については、私が些少であるが関わりあったナホトカ号の顚末を書いた。この油による被害は今や日常的に起こっている。もう一つの化学物質汚染は、広島県の沖にある産廃の島に接触を試みたものの、当事者もまた行政すらも戸を立て、かたくなに拒むものだった。

第六章：夏季に見るアビ鳥とは、何という華麗な魅惑に満ちた存在なのだろうか。シャーマニズムという原始宗教の世界において、アビ鳥はその魅力を発揮し、人びとを惹きつけてやまない。多くの伝承に彩られ、その美しい姿、声に北の国の人びとは、すっかり魅入られてしまうのである。

第七章：外国の旅で出会ったアビたちは、実に多種多様な顔を見せてくれた。昨年夏、私は北極の島々を訪れ、アビ鳥に関する総決算のような体験をした。越冬地での人間との共生とともに、繁殖地での伝承に深く魅了されてきた私の、まさにアビ鳥へのラブコールになったと思えるものである。

付章：アビ漁にみる「自然と人との共生」という類の事象は、世界的にさまざまな形で存在している。書物やまたテレビ番組などで知りえたそのような情報を記述した。

アビ鳥の漁であるが、アビ鳥と人間の協力関係に似た現象は、生きもの同士の自然界ではいくらでもあるようだ。

最近であれば、「アリューシャン・マジック」という現象を、テレビ番組（ＮＨＫ「ワンダー×ワンダー」二〇一〇・一一・二三）で見た。アリューシャンの海にオキアミが大量に発生する同じ頃、ニシンの大群が押し寄せてくる。ニシンはオキアミを襲って海面近くへと追い上げる。そのオキアミを、五〇〇頭もの群れでやってくるザトウクジラが頂戴して一挙に飲み込むのである。また空からは、南から移動してきた一〇〇〇万羽といわれるミズナギドリが襲う。ニシンをアビ鳥に、クジラを人間に置き換えれば、アビ漁とまったく同じ構図だ。

またモモイロペリカンとカワウの協力採餌法を見た。おびただしい数のペリカンが大円陣を作って右回りに回る。その円陣のなかでカワウは小魚を追い上げ、ペリカンはそれを食する。アビ漁と同じ原理で、伝統漁法アビ漁がいかに自然にそって営まれていたものかを感じさせられた。

私たちはアビ漁のことを、自然と協力する方法を人間が開拓したものと思ってしまうが、こうなってくるとむしろ人間が大自然の妙なるからくりの中で生きていたに過ぎないとも言えそうである。アビ漁は人間の発明ではなくて、自然の営みの中に人間が置かれている状景だというべきかもしれない。

「今年アビ鳥は来ていますか」

冬になると、私は幾年もの間、この問いを広島に山口に、また時には福岡にもしてきた。そしてそれは、年々飛来数を減らしていく姿を否応なく確認させられることになった。

身近にアビ鳥のいる北では、熱心な保護策が繁殖に効を奏する。繁殖率は格段に飛躍している。それにたいして越冬地では、遠い海上に棲む鳥への直接的な手当ては難しいものがある。汚染の無い水質、豊富な餌、安全な環境という飛来海域の保全をすることなど、越冬地におけるアビ鳥の保護は環境を整えることに尽きる。

この本の文章は長い月日、その時どきの状況を書いているもので、現在あるいは特定の時期を輪切りにして語ったものではない。つまり、記録であり、歴史の類である。また環境破壊の問題は、実際に接した事例だけを記し、専門家ではない私が書くには外側にとどまったものになっている。

本書の出版の相談にのってくださった福村出版社長石井昭男氏は、私がアビ遍歴の中で邂逅した方である。アビ鳥の活動空間への認識がひろがって関心がユーラシア大陸まで及んだとき、ブリヤートの旅で出会ったのが石井氏であったことは、本書の出版そのものが私のアビ探求の旅のひとこまだということになる。

一八年ぶりにお会いした石井氏は、福村出版で出すことを快諾してくださった。この出版不況の中、石井氏のご好意に感謝の言葉はつきない。

石井社長の意を受けて、宮下基幸取締役、さらに直接的には源良典氏があたってくださり、たいへんお世話になった。心からお礼を申し上げます。

二〇一一年一月

著者

アビ鳥を知っていますか●目次

第一章　アビとともに生きる

1．アビ保護シンポジウム
―豊浜町の取り組み―

私が『アビ鳥《どり》と人の文化誌―失われた共生』という本を出版した翌年の平成八年（一九九六）三月二三、二四日の両日にわたって、広島県豊田郡豊浜町（現・呉市）は、「アビとともに生きるために」と題したシンポジウムを開催した。これを企画したのは「豊島の地域文化を見直す会」で、平成四年（一九九二）からトヨタ財団の研究助成によって、漁業を中心とした地域文化・養育文化の研究をしてきた。その研究の柱の一つとして漁協、商工会、行政、議会などで組織する「アビ鳥シンポジウム実行委員会」を結成し、その成果として今回のシンポジウムを開いたのである。

シンポジウムの趣旨は、長年地元の人びととともに生きてきたアビ鳥を保護し、もう一度アビ漁を復活させたい、それにはまず世間の人びとにアビ鳥の現状を知ってもらう必要があるというものであった。町民の願いをこめたキャッチフレーズは「アビよ　風を起こせ」である。遠く寛永、元禄の頃から続いたとされる伝統漁法のアビ漁は、飛来する鳥の数が減り、一九八〇年代半ば頃にとだえたままになっている。

シンポジウムは豊浜中学校体育館で催された。館内にはかつてのアビ漁の様子や、現在、鳥の安全性をおびやかしている現場の写真、またアビ類五種の写真が展示してあった。アビ漁に使用した漁具なども並べられていた。

シンポジウムには町内外から二五〇人が訪れ、とくに町外からの訪問者が六〇パーセントに及ぶなかで盛大に開かれた。

第一日目の第一部は午後一時に、山階鳥類研究所評議員の柴田敏隆氏の基調講演で始まった。次いで県からの委託で長年アビの生態観察を続けてきた生物群集研究所長の藤井格氏による「アビの生態と飛来数の現状報告」があった。続いて行なわれたパネルディスカッションには、中国新聞常務取締役碓井巧氏をコーディネーターとして、先の柴田氏、藤井氏、アビ漁経験者の漁民二人、国と県の水産関係者二人、それに前年に本を出版した縁で、私も参加した。

パネルディスカッションでは、減ってしまったアビ鳥の飛来数をどのように回復できるか、またアビ漁の復元はできるかなどといったテーマについて討議された。

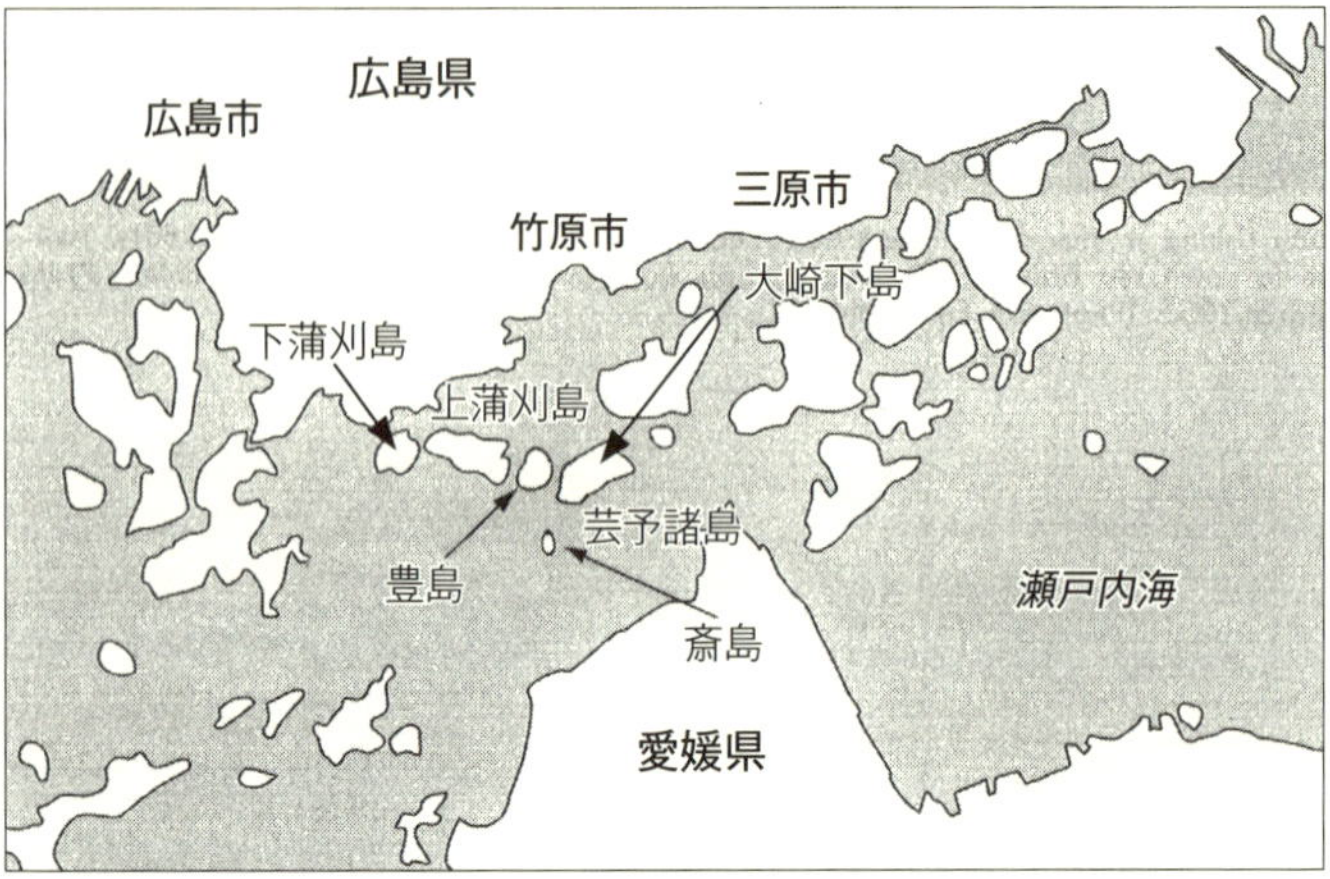

瀬戸内海の芸予諸島

往時のアビ漁のようす（西野富松氏提供　広島県豊浜町　1960年代）

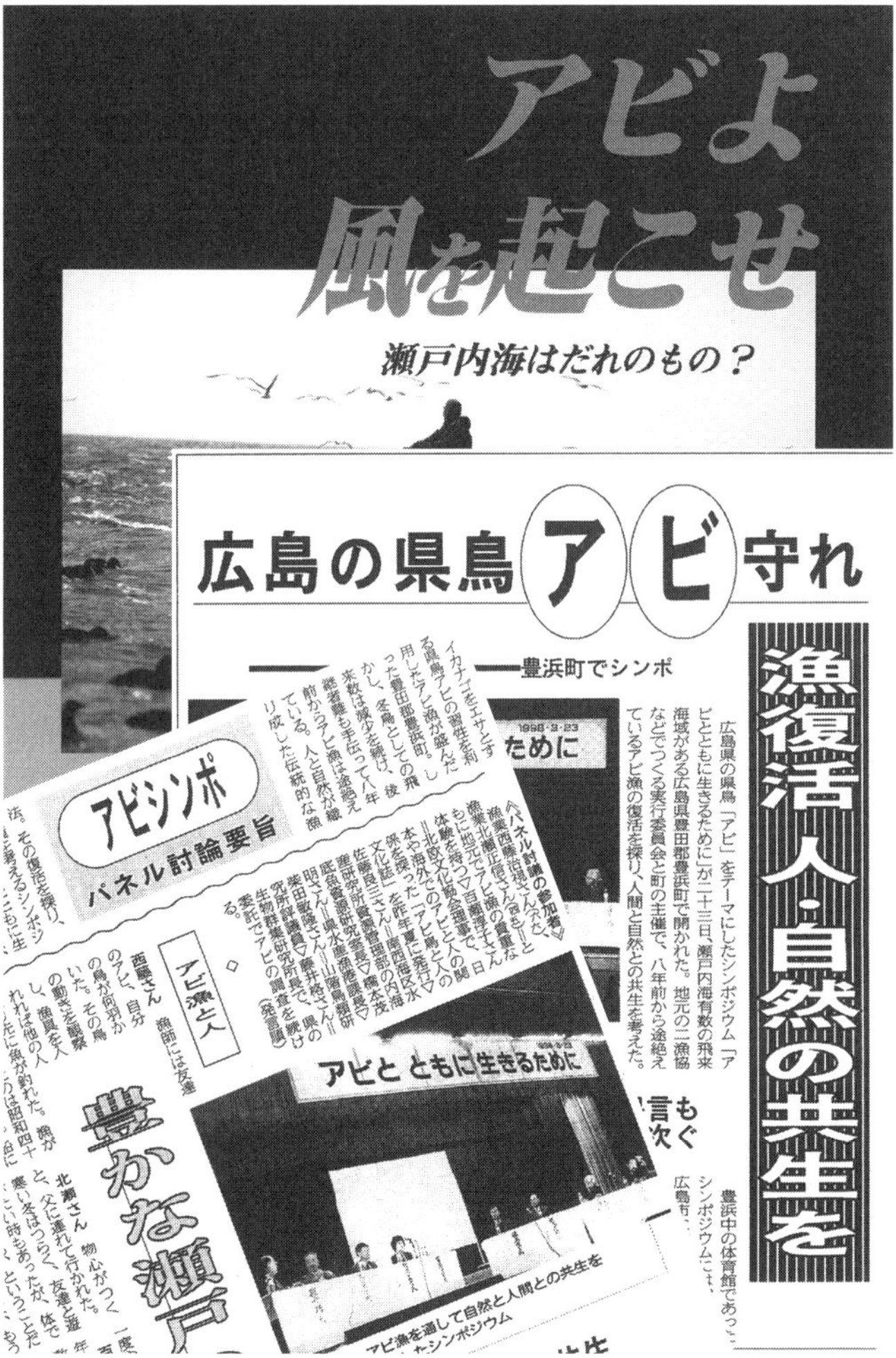

シンポジウムのパンフと新聞報道

シンポジウムの熱い討議

シンポジウム後に行われた船上観察会

まずアビ鳥の飛来数激減の理由として、二つの大きな原因が考えられた。

第一に、瀬戸内海における高速船、漁船、プレジャーボートなどのひんぱんな航行があげられる。アビ鳥（オオハム、シロエリオオハム）の完全換羽の時期は早春三月で、風切り羽がいちどきに抜ける。そのため次の羽が生えるまでの数週間は飛ばずに泳ぐだけである。そんな状態の群れの中に猛スピードで突っ込んで来る船舶にたいする恐怖心は大きい。これについては、県は早くからの漁民や地元の訴えに、ようやく平成七年（一九九五）から一〇年間、アビ鳥の行動海域の一つを「鳥獣保護区特別保護指定区域」に設定し、鳥の来る期間の一二月から四月まで動力船使用の規制を敷いた。これは一〇年ごとの更新がある。

第二に、餌となる小魚のイカナゴが少なくなったからだと推測されている。イカナゴは夏期には海底の海砂に潜って夏眠し、海砂が産卵場所になっている。その海砂が、建設材料にするため大量の採取がなされている。海底は大きくえぐられてまるで爆弾を落としたように無残なありさまだという（枯渇の恐れがあるとの理由で、二年後の平成一〇年（一九九八）度から採取中止になる）。イカナゴは、産卵場所を失ったのだ。

次にアビ漁復活について意見が交わされた。将来鳥の飛来数が増えたとして、はたしてマダイを釣るアビ漁は甦るだろうか。乱獲により瀬戸内海にはタイも他の魚もいなくなった。

これにたいし、パネリストの一人の県農政部次長橋本茂明氏から、豊浜町にマダイの海洋牧場を作る試みが始まるという報告がなされた（平成九年（一九九七）から実施される）。

人の側の問題も大きい。静かな環境を好むアビ鳥とともに行なう漁は、手漕ぎの小さな伝馬船である。数時間も櫓を押しながらの作業は重労働だ。二人の漁民は「後継者を育てる自信は」と訊かれて、「習う気があるかどうかだが、難しいのでは」と答えた。

だが、他のパネリストからは、せめて観光という形ででもこの類まれな伝統漁法を残すべきだ、との意見が続出し、討論は人と野生との共生の典型アビ漁はひじょうに魅力あるエコツアーになる、との柴田氏の発言でしめくくられた。

つづく第二部では、豊浜町さざなみ混声合唱団による「アビと漁師」（阪田寛夫作詞　中田喜直作曲）が歌われ、〈アビはえらい鳥ですけん　漁師の顔まで覚えるけん　地図にも載らんこの網代をのう　よう覚えちょってです〉の歌声が場内に響いた。アビ漁経験者の祖父と孫との会話、中学校生徒による「アビ漁囃子《はやし》」などのアトラクションで盛り上がった。その後は役場三階で懇親会である。町の女性たちの手作りの瀬戸内の味がずらりと並べられ、楽しいひとときがもたれた。

第二日目はアビ鳥観察会がもたれ、一〇〇人が船で沖に出た。かつてのアビ漁場海域に五〇羽ほどのアビ鳥を見ることができ、参加者の歓声が上がった。これで二日間のシンポジウムは幕を閉じた。

（一九九六年五月）

2. アビ漁復活への試み
―小さな二隻の伝馬船が遠く浮かぶ―

平成九年（一九九七）三月三日、この日時は豊浜町の後世、記念すべき「時」になるだろうか。豊浜町のアビ漁、もう一〇年も途絶えてしまっているアビ漁の復活に向けての希望が、今日スタートする。前年のシンポジウムをふまえて、アビ漁復活への試みの第一歩がはじまったのである。

早朝七時、出発点の豊島大橋のたもとには、もう七、八人のマスコミ関係者が集まっている。アビ漁経験者の西藤治視さん（六六歳）夫婦、この西藤さんは前書で、「昭和四〇年からはじめたアビ漁に情熱をかたむけ、それが滅びかけてからはアビ漁保護一徹の人となった」と紹介した故西藤吉正さんの兄である。弟が亡くなった後、その志を引き継いだ。それと北浦早之進さん（六三歳）、西浦勝治さん（五五歳）が二隻の古い伝馬船を引き出してきた。櫂は二本が繋ぎ合わせてあるたいへん長いものだ。

「何しろ一四、五年ぶりじゃ」と、西藤さん。

アビ鳥が今年はかなり来た。二〇〇羽を越すという。これに活きたイカナゴをまいて漁師に馴らし、何年か後にアビ漁にもっていこうというもくろみである。

伝馬船一隻に西藤さん夫婦、もう一隻に北浦、西浦さんと二人ずつが乗って出発。船の活け間には、愛媛県北条市（現・松山市）から仕入れた活きたイカナゴが入っている。一日に一五キロまく予定である。マスコミ関係者たちは動力船二隻に分乗し、私もそれに加わった。この船で伝馬船を斎島《いつき》アビ漁場まで引いていく。

斎の網代に近づくと、向こうに漁船が七、八隻浮かんでいる。

「サバ釣り船です。前はタチウオじゃったが釣れんようになり、今はサバ釣りじゃ」

島に上陸し、かつてのアビ漁を行なう時のように、西藤さんは持ってきた酒と魚を神社に供え祈る。

さていよいよ、鳥のいる二窓《ふたまど》に向かうことになる。と、西藤さんは、

「あのサバ釣りの者どもに、アビ海域に入らんように頼んでくる」

「人間も慣らさにゃいけんからのう。あれどももアビ漁予備軍じゃ。アビ漁で魚が釣れるようになれば、必ず若い者もやるようになる。油は要らんしの」

そう言うと、先に伝馬船を漕いで行った。

しばらくして私たちの船も港から海に出た。遠くにサバ釣りの漁船群、その中に小さく二隻の伝馬船が浮かんでいた。長い櫓を漕ぐ小さな船のシルエットを目にしたとき、私は胸が迫った。今まで写真でしか見たことはなく、そしてそれは、写真でくりかえし眺めた昔のアビ漁の船の姿だった。

〈あの船をいま、現実のものとして眺めているのだ〉

私たちの船を運転するのは西川さん（五五歳）。彼が最初に一八〇羽ほどのアビ鳥を見つけて、この餌付け作業がはじまった。

「上イカリに行く」と西川さんは船の向きを変えた。

上イカリとは二窓のことだ。上蒲刈島《かまがり》の「県民の浜」が見えてきた。その前に黒く帯のように連なる鳥の群れ。今まで見たことのないほど多い。一五〇羽くらいだろうか。少しずつ近づいていくと、向こうも少しずつ遠のいて必ず一定距離を保つようにする。警戒心の強い鳥で、マスコミの人たちは写真を撮るのに少しばかり苦心している。

西藤さんはゆっくりと船を漕いで鳥の群れに近づき、イカナゴをまいた。

マスコミ関係者が帰った翌日、私は伝馬船に乗せてもらって海に出た。夢のような心地で

ある。だが、昨日あれほどいた二窓の海に鳥がいない。落胆する私に、

「鳥は潮の加減で来るのじゃから」

と、西藤さんは慰めてくれた。

午前一一時まで待ったとき、西藤さんが声をあげた。

「来た、来た、やっぱ潮で来るんじゃね。待っててよかった」

と言いながら、静かに船を漕ぎ群れに近づいていく。

「ほんとうは二窓じゃのうて、斎のほうに来るようにしたいんじゃけど……、向こうのほうがよその船も来んのに」

船べりに座った西藤さんの奥さんが、鳥に向かってイカナゴをまいた。細い小魚が空中で銀色に光りながら、海に落ちていく。鳥を馴らすための小魚まきは何度かくりかえされたが、鳥はすぐには馴れない。アビ漁が続いていれば鳥にも記憶はあるだろうが、一〇年もとだえてしまっているのだ。漁師を自分たちの仲間と認識しないのも無理はない。奥さんは側にいるカモメにもまいた。

「カモメがいるとアビも来るんよ」

アビ鳥を探してカモメがやって来ると、反対のことを聞いたことがあったが、つまり共存

イカナゴまき

共栄なのだ。私も奥さんにならってイカナゴをまいた。イカナゴはつるつるして、ともすれば指の間から抜け落ちる。

「カモメ！　カモメ！」

アビ鳥が来るなら大歓迎であり、私たちはカモメを探した。

アビ鳥は羽にわずかに白点がでて、夏羽に変わりはじめている個体もあった。目をこらして見ると、シロエリオオハムの特徴の黒いあご紐も見えた。

このイカナゴまきは漁民によって二週間続けられる。効果が上がることを願いつつ、その日の午後、豊浜を後にした。

同年六月、豊浜町斎島に「あびの里いつき」と名づけられた研修宿泊施設が、斎島小学校跡地にオープンした。そこにはアビ漁の資料展示室も併設されて、アビ漁に使われた船、漁具などが置かれ、大きなスクリーンにはアビ漁にいそしんでいた漁民の姿が映し出される（「あびの里いつき」は赤字経営になり、平成二一年（二〇〇九）閉館になった）。

（一九九七年一〇月）

3. テレビ新広島番組「アビよ　高く鳴け」

―科学放送賞受賞―

■第一部　北米のアビ保護は至れり尽くせり

上空から見るニューハンプシャー州は、豊かな森の緑と多くの湖の薄い青が遠く広がる自然に溢れたアメリカ東部の地である。

平成一〇年（一九九八）七月、テレビ局「テレビ新広島」のディレクター、カメラマン、録音技師と私の四人はニューハンプシャー州マンチェスター空港に降りたった。明るい陽光、さわやかな空気、色とりどりの花々の鉢が並べられ、緑に包まれたこぎれいな地というのが第一印象だった。空港を出て迎えの車を待っていると、ふと小さな造花で一面に飾られた杖が目に入った。かたわらに老夫妻がいて、夫人がその杖を持っていた。私は思わず「Pretty stick !」と言ってしまった。老夫妻は微笑み、それから会話がはじまった。

「あなたたちはどこから来たの」「日本から」「何の目的で」「アビという鳥を見るため湖に行くのです」「あ、それならあそこの湖よ」

夫人は花の杖で遠くにかすむ湖を指した。ここでは、ふつうの人がアビを知っている！日本と比較して感心してしまったが、この地では当然のことと後から知ることになる。

さて、これから私たちはテレビ番組の取材のため、ここにあるアビ保護センターを訪れるのである。空港から三〇～四〇分間車で走る。やがて森の中に入り道端にアビ（ここではすべてハシグロアビを指す）が描かれた「アビ保護センター」の立て看板があった。もう近いらしい。間もなく豊かな緑の中に、アビの絵がついた旗が立つ木造平屋建てが見えてきた。湖のほとりにある。ここがアビ保護団体ＮＡＬＦ（North American Loon Fund＝北米アビ類保護基金）のオフィスで、保護センターである。八ヶ月で三二万六〇〇〇ドルの募金をつのり、一九九三年一〇月に完成したものである。

その春、広島のテレビ局から、長年漁民とともに生きてきた県鳥のアビ類を保護し、伝統漁業アビ漁を復活させたいという地元広島県豊浜町の人々の思いや取り組みの番組を作る企画を知らされ、協力を求められた。そしてアビ類の減少を食い止めることのできない越冬地日本にたいし、保護活動の結果大きく数をふやしている繁殖地の様子をもう一つの軸にしたいという意向を聞かされた。どこを取材するかを任されて、私はアビ保護の先進国であるカナダ、アメリカ、ことに私が会員でもあるＮＡＬＦが便宜を図ってくれるであろうと提案したのである。

赤い吊り花がいくつも飾られたアビ保護センターの中に入ると、そこはまさにアビの世界であった。ホールの正面には三体の剥製や資料が置かれてあり、その中には私が日本のアビについて書いた記事を載せた会報もあっていささか嬉しい気持ちになった。広い壁には子どもが描いたアビの絵が貼りめぐらせてある。売店はアビの絵のついたあらゆるグッズで満ちあふれている。Ｔシャツ、皿、時計、ストール、スカーフ、クッション、本などなど。なぜ北米の人たちはこれほどまでにアビを好むのであろうか。リポーターの任務を命じられている私は、出迎えて下さったヴォーゲル所長にさっそく質問した。

――なぜこれほどアビを大事にするのですか――

「アビが北方の自然のシンボルになっているからです」

――シンボルになった理由は――

アビ保護センター外観（上）と内部（下）。売店にはアビのグッズがいっぱい

「三〇年前くらいまで、人びとは魚を大量に食べるアビを人間の敵として殺しまくっていました。また人間が自然のなかに入りこんで水辺の開発が進み、彼らの繁殖を妨げました。そのためアビは大幅に数が減ってしまいました。アビをシンボルにしたのはその反省からです。ほかの理由としては、人の身近にいて大きく白黒の美しい容姿、独特の響きをもつ声が人びとの心を惹きつけたといえます」

――それだけでしょうか――

「この鳥たちには、アメリカ先住民族の魅力的な伝説が数多くあります。あの叫び声はいま戦いに出かけていく戦士の声だとか、湖に盲目の少年を連れていって目をなおしてやったとか……」

午後、生後一週間のヒナがいるからとウィニピサキー湖に案内された。行く途中の町なかには、あちこちでアビのシンボルマークが目についた。空港で会った老夫妻がアビに詳しいはずで、ここはアビの町なのであった。やがて大きな湖に着く。岸辺には瀟洒な別荘が立ち並んでいるリゾート地で人びとはボートを持ち、湖のレジャーを楽しんでいる。このレジャー船が昔はアビを脅かしたが、いまは人びとの意識は改善されアビ保護に向かっている。

ここでアビ保護センターの生物学者であるバット・テート氏が運転する監視船にのせてもらって湖をまわり、どのような活動がされているかを見る。

まず、ボランティアだという男性が近くの小屋から出てきて、いかだの人工浮き巣を設置する様子を見せてくれた。ひいてきた一メートル四方のいかだには、土が盛られ草が植えられていて、ここにアビが営巣する。これを適応しそうな場所までボートで引いていき、ブロックの重りを水中に投じる。この人工浮き巣によって、今まで水位の上昇で流されていた卵を守ることができ、繁殖率は格段に飛躍したのである。ここはすぐ対岸に家々が立ち並んでいる。他のアビ類と違ってハシグロアビは、人間の側で生活をしている。そのため人間にいちばん関係の深いアビ類である。

例の高い鳴き声が湖面をわたってくる。前方に黒い一羽のヒナと母鳥がいて、餌を採りに行った父鳥が遠くから呼びかけていた。この湖には二二のペアがいるそうだ。

次の日はスクアム湖に行ったが、これが往年のアメリカ映画『黄昏　原題 On Golden Pond』の舞台となった湖で、通称 Golden Pond と聞かされたときは感激した。そう、あのヘンリー・フォンダやキャサリン・ヘップバーンの姿がほうふつとしてくる森、湖のたたずまいがそこにある。さわやかな風が心地よい。紫の実をたわわにつけた野生のブルーベリー

人工浮き巣、ブロックは重り（上）。営巣するアビ（下）

がそこかしこにあって思わず手をのばしたくなる。キイロウタイムシクイがさえずり、アオカケスが飛ぶ。シマリスがチョロチョロ出てくる。自然の何と心地よいことか。そこの湖には昨日孵ったばかりのアビのヒナがいて親の背にのる愛らしい姿を見せてくれ、私たちを大いに喜ばせてくれた。

奥のほうにボートを進めていくと、一つの人工浮き巣にアビが座っていた。その周りには広くロープがはられ、「営巣中」のプレートがつけられて人間の注意を喚起する。近くの島に上がって観察していると、数人をのせた一台のボートが近づいてきた。そして私たちに向かって「もうヒナは孵ったか」と訊いてきた。「まだ」と答えるとにっこり微笑んで「バイバイ」と帰っていった。このように人びとは鳥を見守り、大事にし、楽しむのである。ヒナが孵れば「ヒナに注意」のプレートに変わる。一つのペアには必ずボランティアが一人つき、ヒナの孵る様子や成長を記録、最後まで安全を守る仕事を受けもつのだそうである。

「赤ちゃんがいます」のプレート

遠くをレジャーボートが走っていく。レジャーボートは神経質なアビをひどく驚かせて巣を放棄させてしまうこともあるし、ヒナを傷つけ死なせてしまうこともある。ここではアビを殺したり、故意に傷つけたりすれば五〇〇ドルの罰金が課せられる。しかしそんなことよりもアビの死亡の最大原因は、水銀中毒や釣りのおもりを飲みこんだ魚を食べておきる鉛中毒である。そのため安全なおもりが開発され、二〇〇〇年から使われる予定である。地下の部屋にはさまざまな理由で孵化できなかった卵やその破片がずらりと並べてあり、大切な資料とされていた。

「バンディング（標識調査）の様子を見たい？」とボランティアの女性がディレクターの増田氏に訊ねてきた。もしOKならば明晩行なうという。しかしこちらの時間の余裕がなくてあきらめざるをえなかった。夜の湖でのバンディングは、アビの血液を採取して健康状態をチェックするものだが、潜水の名手アビが相手では容易ではなく相当な重労働になる。潜る鳥をどうやって捕らえるのか。秘訣はヒナ連れをねらうこと。親はヒナをおいて逃げることはしないからだ。

「バンディングのとき、もう一つすることがあるのよ」と、ボランティアの女性がいたづらっぽく笑って教えてくれた。メスの脇の毛をすこし切り落としておく。それによって、専門家でも見分けのつかない同色同サイズのオスメスの区別をつけるのだそうだ。

翌日はセンターでアビ保護委員会の会議を見学した。一〇人あまりの委員が集まり、調査結果の報告や保護の検討を行なう。これらの人々には一〇人から数十人のボランティアがついており、NALFは総勢数百人のボランティアをかかえる団体である。アメリカではニューハンプシャー州だけでも、このようなアビ保護団体が大小四つあるのだそうだ。これがアメリカ、カナダ全体になると二〇余りになる。

ボランティア活動は年々盛んになっていく。隣のテラスでは幼児教室がひらかれていた。ボランティアが数人の幼児に、アビがどんな鳥かを説明していた。幼児たちはテープから流れるアビの声を聞きながら思い思いのアビの絵を描き、人間と自然がともに生きていくことを学んでいく。

この二〇年でアビの数は大幅に増えたという。これは何を意味するのであろう。それはひとえに人びとの意識改革にある。かつては鳥を殺していた人びとを変えたのは教育であり、とりわけ幼児教育は未来につながる最大効果を生むものである。

翌日は最後のアビ観察、またスクアム湖に行った。抱卵中の鳥は暑いのか口をあけて座っており、時々立ち上がって卵を裏返す。一声ポーッと、その後例の美しい声でピヨロピヨロと鳴き、辛抱強く座り続けていた。

（「北米のアビたち」『Birder』二〇〇〇年三月号掲載に加筆）

幼児を対象としたアビ教室（上）と子どもたちの描いたアビ（下）

■第二部　豊浜の海の今

翌平成一一年（一九九九）の二月、テレビ局は番組のもう一つの軸である豊浜の漁民の姿を追った。午前五時、暗闇のなか西藤治視夫妻は浜に出て漁場に向かう。肌を刺す寒さ、昔であればアビ漁の季節でタイの収入が島をうるおしていた。西藤さん兄弟も父親の船にのってアビ鳥を追った。いまはタチウオ釣りが中心で、それさえも年々少なくなっていく。小さなタチウオを釣ると海にかえす。豊浜の漁民は海の資源を大事にする。

「海が枯れていくからアビも来んのじゃろう。瀬戸内海はどうなるんじゃ。世話になった鳥じゃけん、大事にしてもらいたい」

一九六〇年代はじめから三〇数年間も続いた海砂採取は、イカナゴだけでなく魚の集まる網代を破壊し、潮の流れを変え、海の資源を根底からゆすぶっている。

その頃豊浜町役場では、町と漁協関係者が集まり、今後のアビ対策についての会議がもたれていた。アビ漁復活の可能性はあると言う町長、経験者が少なくなっていき鳥も減って無理という漁協関係者。根本的な解決策、十分な保護策を立てられないまま、ともかくアビ鳥への餌付けは西藤夫妻に依頼して続けようということになった。この餌付けはかつてアビ漁が行なわれる前に、鳥を馴れさせるために漁民が行なっていたものである。

アビ鳥が多くなる時期三月、西藤夫妻は餌付けのイカナゴまきに海に出た。船の活け間に数センチほどのイカナゴが泳いでいる。もはや豊浜の海では獲れず、愛媛県北条市から買ってきたものだ。

「今日は天気もよく潮の流れもよい」

と西藤さん。大型船が数隻行き交っている。アビ鳥五〇〜六〇羽ほどが見えた。

「自分ができることをするんじゃ」

アビ鳥に恩を受けながら人間は仇でかえした。西藤さんは活け間からイカナゴをつかみ出すと軽くその頭を噛み、逃げられないようにしてアビ鳥に投げる。一噛み一噛みにアビ鳥への思いがこめられている。広島県版レッドデータブックでは「あび」は平成七年（一九九五）、絶滅危惧種に指定された。

あたたかく迎えられる北米のアビと、人間が豊かさを追求するがゆえに瀬戸内海を追われた日本のアビ。この対比を描写した映像は高く評価された。「アビよ　高く鳴け――崩れゆく人間との共生――」と名づけられたこの番組は、一九九九年三月に山陽、山陰、四国地方で放映され、平成一一年度科学放送賞の最高賞を受賞した。　（一九九九年三月二〇日放映）

4. アビ鳥の環境を考えるツアー開催
―豊浜町ふたたびの取り組み―

豊浜町は平成一七年（二〇〇五）合併され、長らく親しんだ豊田郡豊浜町から呉市豊浜町と名をあらためた。呉市になった豊浜町では、県民の関心を呼び起こそうと、ふたたびアビ鳥に関する講演会の企画をたてた。

平成一九年（二〇〇七）三月一八日に開催する「アビ鳥の環境を考えるツアー」と銘打った催しは、募集わずか一週間で定員に達するほどの人気だった。講演会の後に行う予定の「アビ鳥を見る船上観察会」にも応募が殺到し、船一隻のつもりが三隻出す盛況になり、それでも行けない人びとが多数出て、主催者豊浜支所はうれしい悲鳴を上げることになった。

当日の朝、町がチャーターした船は満員の人びとを乗せて広島港を出発した。三〇分たって豊浜町豊島港に着く。港には島の名産のミカンとタイの絵が描かれた大きな赤いアーチがたっている。

豊浜町豊島港

会場は港の近くにある豊浜町ふれあいセンターで、一〇時開演にむけて大勢の人びとが列をなして歩いていく。センターに着くと、中にはいろいろな資料が展示されていた。

一〇時、東京大学大学院教授樋口広芳氏の基調講演が行なわれた。樋口教授は、アビ直接の話ではないがアビを含む渡り鳥の話であると前置きして「世界の自然をつなぐ渡り鳥」とのタイトルで話をされた。発信機を装着した渡り鳥の旅の追跡をパワーポイントで説明という、臨場感あふれるものであった。

鳥に足環や首輪をつけてのこれまでの標識調査では、あまりデータが取れず、一〇年間で二五〇羽につけても回収はわずか数例ということもある。それが一五年前くらいから人工衛星（気象衛星ノアア）を利用することにより、すばらしい成果があがるようになった。

小さく優美なツルのアネハヅルが、あのヒマラヤを越え渡っていくテレビ番組の場面は人びとに大きな感動をあたえたが、どこに行くのかは謎であった。それがマッチ箱半分ほどの送信機のおかげで解明できたのである。モンゴルを飛び立った彼らは、ヒマラヤを越え、インドの西北部に到達していた。

渡り鳥の経路が明らかになったことによって、鳥の数が減少している原因は北の繁殖地ではなく、南の越冬地の、たとえば熱帯雨林の大規模伐採であったりすることもわかってきた。

渡り鳥はまた、人と人をつなぐ役割も果たす。渡りの地で人びとは集い、見て楽しむ。鳥は渡った先で干潟の浄化に寄与したり、木の実を運ぶ役割をになう。世界各地の自然と人をつなげていく。そして国境のない渡り鳥の調査には国際協力が不可欠である。

高度な時計と方向探知機と地図を持ち、はるかな旅路をたとえ回り道しようとも何丁目何番地何号まで正確に元の地に帰る渡り鳥は、何と神秘に満ちた存在であろうか。

日本各地からアジア諸地域への渡りの経路や移動の生態の不思議、なぜ鳥は渡るのか、といった万般の事がらが解明されていった経緯、手に汗握るような場面もユーモアを交えて話され、単に鳥の生態に終わらず、自然環境の悪化とか朝鮮半島などをめぐる平和の問題とい

「人と共に生きた鳥」と題して講演

った広い範囲の事がらにまで私たちをいざなう有益な講演であった。

一一時からの私の講演では「人と共に生きた鳥」という題で三つの話をすることにした。その前に、鳥についてとアビ鳥という名前について解説をした。アビ科の鳥は五種あり、そのうち三種が瀬戸内に来る。名前が違うが生態的にも形態的にも似ている、そこで広島県は一括して「県鳥あび」と名づけた。平成七年（一九九五）、本を書くにあたって、名前を用いるのに悩んだ。私は漁師さんの呼び名の一つの「アビ鳥」を用いた。今それが広まり、ネットなどでも「アビ鳥」の字を多く見かけるようになり、容認して頂いたかと思う、と。

最初に日本でのアビ鳥と人の関わりについて話をした。アビ鳥とともに漁をすることを発見し、三〇〇年続いた伝統漁法になった。アビ漁とは、アビ鳥の群れを船団が取り巻いて円を描いて行なうという、世界に類をみないユニークな漁法である。大きな恵みを与えられる漁民は、アビ鳥を神の使いとして信仰した。そこには自然と人間との共生という問題が、理想的な形で存在していた。しかし、さまざまな近代化の影響をうけ、アビ漁は滅びていった。

次の繁殖地の話では、そこのアビ鳥には越冬地日本とはまるで違う顔があった。昔栄えたシャーマニズムにまつわるさまざまな伝承に彩られた鳥になっていた。海底にある黄泉の国へ霊魂を運ぶ担い手、天地創造に関わる鳥、雨を告げるアメドリ、目の治療師など、魅力的な伝説があり、絶対的な信仰の対象とした地域もあった。

三つ目の保護活動についてでは、繁殖地においての話である。これは積極的に行なわれている。アメリカ、ニューハンプシャー州のマンチェスターにあるアビ保護団体に取材に行って、つぶさにその活動を見る機会があった。

巣が水に浸るための防衛策としての人工浮き巣設置、営巣中のボランティアによる徹底的な見守り、多くのボランティア、鉛中毒を防ぐための安全な錘の開発、そして人びとへの啓

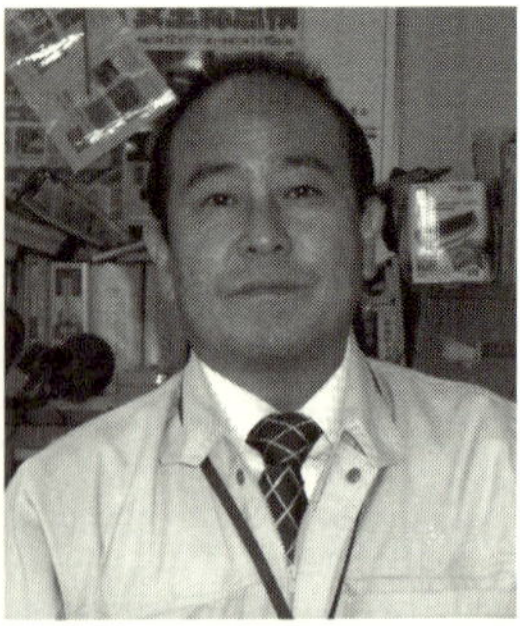

北木豊洋さん

西道喜代弘さん

蒙活動、幼児教育などなど、至れり尽くせりであった。

　しめくくりは豊浜町の取り組みについてである。町は、平成八年（一九九六）のアビ保護シンポジウム、餌付け、資料館の設置など、可能な限りの努力をしたのである。このような取り組みは豊浜だけの問題に終わらず、瀬戸内海の保護、ひいては日本全国の環境保護につながる。繁殖地と違って、越冬地におけるアビ鳥の保護は環境を整えることである、という言でしめくくった。

　講演後の船上観察会では、アビ鳥が多く群れる場所の二窓、斎島周辺に行き、ようやく三〇羽ほどのシロエリオオハムに会うことができた。かつては万を数えるほどいたという瀬戸内も、今はこのようになってしまった。それでも皆は「見た！　見た！」と大喜びだった。

　今にいたる豊浜町の活動は、まったくもって豊浜支所の北木豊洋氏（現・豊浜市民センター副センター長）に負うところである。私が最初にお目にかかったときは、北木氏は豊浜町役場の広報課におられ、私はすべてにおいて彼に依頼したが、それによく応えてくださった。そして町のため、アビ鳥のイベントを企画し、その後の一連の活動の率先者であった。

アビ漁経験者で協力していただいたのは、今は亡き西藤治視、吉正ご兄弟と西道喜代弘氏である。この方がたのご協力があって、この調査は成り立ったのである。

（二〇〇七年五月）

5. あび鳥講演会開催
―蒲刈町の取り組み―

広島県安芸郡蒲刈町（現・呉市蒲刈町）は上蒲刈島と下蒲刈島からなっている。豊島の隣に位置する島で、下蒲刈島は朝鮮通信使の施設があることで有名であり、上蒲刈島は古代の方法での藻塩作りをしていることで知られている。

豊島と上蒲刈島の間の海面にアビ鳥が来る。上蒲刈島の海岸からは直接アビが見えるところから、柴崎龍雄前町長は県鳥であるアビに大きな関心を示し、アビをもっと呼び寄せたい、それが町おこしにも利用できたらよいと考え続けていた。

私は平成一四年（二〇〇二）、蒲刈町から講演の依頼をうけた。

それを記事にして『野鳥』誌に載せたので、次に掲載する。

■「あび鳥の保護を願って」のタイトルで講演

講演でアビ鳥保護を熱く訴える

　平成一四年六月二七日、私は瀬戸内海にある島、広島県蒲刈町で「あび鳥の保護を願って」のタイトルで講演をいたしました。

　平成八年三月にアビ漁で知られる豊浜町豊島で開かれたアビシンポジウムについては、以前、本誌に記事を寄せたことがありますが、その後、豊島では、アビ鳥への餌付けを主とするアビ鳥との友好関係復活の努力が行われてきました。今回の蒲刈町の企画（豊浜町との共催）は、広島県で進められてきた「県鳥あび」保護の試みの新たな前進として期待がもてるところです。

　蒲刈島は、豊島の隣に位置しており、両島間の海域に「県鳥あび」が越冬にやってきます。「県鳥あび」にはアビ、オオハム、シロエリオオハムの三種が指定されています。その中でもこの海域にやってくるのは、ほとんどがシロエリオオハムであり、したがってアビ漁に携わったアビ類はシロエリオオハムです。アビは一羽も入っていません。シロエリオオハムは沖のほうで群れていて、船を出さなければ見ることは出来ませんでしたが、近年蒲刈島からは肉眼で観察されるようになりました。私も今年四月に望遠鏡で見ています。

そのようなことから、蒲刈町では豊浜町と協力して「県鳥あび」を保護しよう、また同時に町おこしとしても利用したいという気運が高まってきました。そしてその先がけとしての講演会の講師に、長年豊島に足を運び、『アビ鳥と人の文化誌——失われた共生』を書いた私に依頼が来たのです。ちなみに私はアビ類をアビ鳥と呼ぶことにしています。豊島の漁師さんが、そのように呼んでおられたのを頂戴いたしました。

「六月に講演をお願いしたいのです。一〇〇人規模で考えています」

蒲刈町役場産業観光課の朝日課長から依頼の電話があったのは五月下旬。アビ鳥保護につながり、まして二つの町が協力するのなら願ってもないことになります。私は期待で胸がふくらみました。

当日、会場のイベントホールには一二〇人の人びとが集まっておられました。「あび」という鳥をよく知らないという方も多くおられたので、まず基礎知識的な話を、次にアビ類という鳥類がいかに人との関わりが深いか、それは北の繁殖地においても南の越冬地においても同じで、信仰の鳥と崇められたのも同じという話。続いてテレビ番組の取材で、リポーターとして訪れた繁殖地北米のアビセンターでの手厚い保護状況の話、最後は越冬地豊浜町が今まで行なったさまざまな努力の話です。それは平成五年「県鳥あび保護管理対策検討委員会」を発足させ、鳥が多く来る斎島周辺を「鳥獣保護区特別保護指定区域」に指定、船の航行を規制、餌のイカナゴ確保のための海砂採取禁止、八年にはアビ保護シンポジウムを開催、九年には郷土（アビ）資料館設立、また毎春のアビ鳥への餌づけなどです。

そして今回の二つの町での協力が地元の方、専門家と一緒になって本格的な保護につながることを願うという話でしめくくりました。一時間あまりの講演に、次つぎに質問がでました。その後は斎島に設置されたアビ資料館を見学に船で行くという行事がありましたが、あまりに希望者が多く、私は遠慮いたしました。

（『野鳥』誌　二〇〇二年一一月号掲載）

6．英文小冊子を外国諸団体に配布
―日本のアビ漁への反響続々―

平成九年（一九九七）一一月、私の著書『アビ鳥と人の文化誌――失われた共生』の一部を英文にした小冊子『Wintering Loons and Japanese Fishermen』（越冬するアビ類と日本の漁民）が出来上がった。私は平成八年（一九九六）のシンポジウムで、豊浜町のアビ漁を世界に知らせると約束していたのである。

小冊子には「アビ漁とは」「アビ鳥にたいする漁師の信仰」「アビ漁の歴史」「アビ漁消滅の原因」および最近の「アビ鳥保護シンポジウム」「アビ漁復活の試み――餌付け」について述べてある。

これをまず、私の所属している北米アビ類保護基金NALFおよび他のアメリカ、カナダのアビ類保護組織一九ヶ所に送付した。さらに日本野鳥の会研究センターの協力を得て、世界各国の自然保護団体に送った。

英文小冊子とそれを紹介した保護団体の会報

その結果、日本のアビ類についてはまったく知られていなかったし、ましてユニークなアビ漁、そしてその人と野生の共生を復活させたいという試みにたいする反響は大きなものがあった。多くが復活を望む声であり、中には自分の国の自然保護の参考にしたいので引用させてほしいというものもあった。

漁業をとりまく環境も変わり、豊浜町の試みには難問が山積する。このような世界の声の勢いも、地元の願望のアビ鳥保護、アビ漁復活の一助にならないものかと願っている。小冊子にたいする返信の多くはEメールで来た。それを紹介する。

（1）『越冬するアビ類と日本の漁民』及びあなたの著書（『アビ鳥と人の文化誌』）を有難うございました。

そこにある情報はたいへん興味深いものです。私は次回の会報にこれについて記事を書くつもりですし、またこの小冊子を、諸外国のアビ研究者と定期的に交流している理事仲間にも見せます。

どうかアビ漁が復活しますように。これまでの生活習慣が姿を消し、アビの数が著しく減っているのは悲しいことです。

北米アビ類保護基金　リン・オー・バラ

（2）アビ漁に関するあなたの興味ある小冊子をお送り頂き有難うございます。私は捕えられたウを使う漁のことは知っていましたが、オオハム、シロエリオオハムに関するこの漁は知りませんでした。私の書いた『Birds of the World』の中のアビ類の項に、あなたの出版物に基づいた注記をいれました。

鳥類学者　チャールズ・シブレイ

（3）日本の瀬戸内海に棲むアビたちについての論文を送って頂き、たいへん有難うございました。一九九六年の会合（注：アビ保護シンポジウム）のことを、私は知りませんでした。その会合について、もっと知りたいと思います。日本でアビ類が好きな人たちとは、どんな方がたなのでしょうか。瀬戸内海には、冬のアビ類について研究している鳥類学者はいますか。私たちは今月末から、越冬するハシグロアビ、アビ、シロエリオオハムについて、カリフォルニア海岸の沖で新しい研究をはじめようとしているところです。シロエリオオハムとオオハムが両方共、瀬戸内海で越冬するとは興味深いことです。

この論文をもう一冊、チャーリー・シブリイ氏に送って下さいませんか。彼こそ、鳥のＤＮＡの大部分を研究し、その親族関係についていろいろなことを発見して分類した人なのです。あなたはアビとペンギンの間の親族関係について書いていらっしゃるので、多分彼の仕事をご存じでしょう。私は彼と定期的に交信しています。彼のＥメールと住所は、次の通りです。重ねてお礼を申し上げます。あなたとお手紙で知り合えて嬉しいです。

オイコス研究基金（アビ類保護組織）ジュディ・マックインタイア

（4）あなたの出版物『越冬するアビ類と日本の漁民』を受け取り、非常に興味深く拝見しました。ここシガード・オルソン環境研究所に送って下さって、たいへん有難うございます。でもどのようにして我々の研究所のことを知られたのですか。

　私は以前、こういった類の漁業の話を読んだことがありますが、アビだったかどうかは記憶していません（ウのことだったと思いますが）。瀬戸内海であなた方が、この漁業を復活できたらよいと思います。成功なさったらぜひ教えて下さい。

　重ねてあなたの出版物にたいしてお礼を申します。私はこれを同僚たちにも見せます。

シガード・オルソン環境研究所（アビ類保護組織）テッド・ゴストムスキ

（5）日本におけるアビ漁についてのすばらしい小冊子を、本当に有難うございました。たった今開封したばかりですが、それは惹きつけられる物語のようですね。それを受け取ったことを、すぐにお知らせしたくてお便りしました。私の夫ジェフ・フェアもアビ研究の生物学者で、作家でもあります。だから彼も興味を持って読むと確信します。今後ともあなたと交流を持ちたいと思います。

Fish & Game（アビ類保護組織）ナンシー・フェア（生物学者）

（6）『越冬するアビ類と日本の漁民』のレポートを受け取りました。このレポートは私が『バードライフ』という雑誌のアジア部門で働いている関係上、私のところに回ってきたのです。レポートはたいへんおもしろいですね。あなたが私たちの図書館におさめてもよいような調査報告を送って下さったことに厚く感謝します。

バードライフ・インターナショナルという組織は、まもなく海鳥の係官を任命するでしょう。彼はバードライフ・サウスアフリカ事務所を本拠地にします。この人があなたのレポートにたいしてコメントをお出しするでしょう。彼らはあなたの調査にひじょうに興味をよせることと思います。

バードライフ・インターナショナル（国際鳥類保護組織）アドリアン・ロング

（7）ご本を有難うございました。ひじょうな興味を持って拝見いたしました。少なくともフィンランドの『自然雑誌』と『バードライフ誌』に一冊お送りになるとよろしいと思います。この二雑誌にあなたの小冊子を紹介してくれるか、あるいはそのあらすじを載せてくれるかを聞いてみるのもよいでしょう。

あなたの本がフィンランドで知られることが大切です。もう一冊フィンランドの鳥類学図書館に関係した雑誌に送るとよいと思います。

ヘルシンキ大学歴史学博士　アンティ・クヤラ

(8)『越冬するアビ類と日本の漁民』というご本を有難うございました。漁民たちが鳥を使ってきたという話は、ひじょうにおもしろいと思いました。

バードライフ・インターナショナル・インドネシア　ルディアント

(9)日本におけるアビ漁の歴史について書いた小冊子をご送付下さり、有難うございました。拝読してたいへんおもしろいと思いました。人と自然界の間の、こんなにもたくさんの交流関係が様変わりをし、現代において消えつつあることをたいへん残念に思います。

この小冊子は私たちの図書館に保存し、同僚にも読むことをすすめます。必ず彼らも関心を持つでしょう。

アメリカ湿地協会　アイアン・ドウソン

(10) 日本のアビについてのすばらしい小冊子を、まことに有難うございました。このアメリカの北東部で、やはりアビはある程度の困難に陥っています。しかし厳重な保護措置のおかげで、アビたちは再びこの地域で営巣をはじめました。

アビたちが直面している不幸な問題は、主にモーターボート、ジェットスキーその他の娯楽用の水上機械が引き起こすもので、それらが巣を水浸しにしたり、ヒナを溺死させてしまうのです。

私たちの地方の海岸沿いには、まだたくさんの越冬するアビたちがいます。でも彼らは日本では群れでかたまっているようですが、ここではそのようなことはありません。

マサチューセッツ・オーデュポンソサエティ会長　ゲラード・バードランド

(11) 私の友人が、日本のアビ漁についてのとても興味ある、また価値あるあなたのレポートを送ってくれました。レポートから、いかにあなたがアビ類に関心があり、心配しているかが伝わってきます。そこで国際湿地協会のアビ類専門家グループについて、あなたにお便りします。

私はカナダ環境保護協会の名誉研究者で、国際湿地協会のアビ類専門家グループの議長を務めています。

国際湿地協会のアビ類専門家グループの目的と入会手続きの書類を添付します。もし入会して頂ければたいへん嬉しいです。近く発行される国際湿地協会のアビ類専門家グループの人名簿の第二版にあなたの名前を記載します。またもし、あなたが私たちの団体に関心を持つような日本人を知っていたら、この入会申込書を渡すか、あるいは私にその人の名前を知らせてください。私から直接コンタクトを持ちます。

私たちの団体のニューズレター第一号と人名簿を、のちほど送りますが、今のところ日本人は誰も含まれていません。あなた以外にもアビ類に関心を持つ方がおられるのではないでしょうか。日本人に入って頂きたいと願っています。

国際湿地協会のアビ類専門家グループの第一版には、八ヶ国の八二名の名前がのっています。これの改訂版二版とニューズレター第二号を、今年前半に配布するつもりです。ニューズレター第二号には一九九七年八月一五日にミネソタ州ミネアポリスで行なわれたアメリカ鳥類学会大会の際のアビ類シンポジウムの概要をのせる予定です。

あなたのアビ漁についてのレポートを五部ほど送って下さると、たいへん有難いです。

国際湿地協会　アビ類専門家グループ　ジョセフ・ケレケス

(12) S・ザベリンからロシア社会生態連盟を通じて、あなたの小冊子を手に入れました。たいへん有難うございました。私は以前、ソ連の鳥類学者でした。あなたのエッセイを非常に興味深く読みました。現在の私の仕事は、ロシアの自然保護地域の運営計画をたてることです。私たちの非政府組織は社会生態連盟の傘下にある多様生物保存基金センターです。伝統的な自然活用は、自然と共生することに密接な課題があり緊急を要しますが、ここロシアにおいても同じです。

私たちは自然公園のような自然保護地区の発展を考えてきました。残念なことにロシアのエコツーリズムはあまり進んでおらず、ただ活動家たちの努力に頼っています。

もしあなたの小冊子の要約を、私たちのレポートに掲載させて頂き出版させてもらえるなら、たいへん有難いのですが……。

モスクワ自然協会　ユーリ・ボーボロフ

(13)私もツル、クロツラヘラサギ保護に力を注いでいます。アビ類保護にがんばって下さい。

在日朝鮮大学校教授　鄭鐘烈

以上のように大きな反響が返ってきた。繁殖地をかかえる外国ではアビ類にたいしてたいへん関心が高い。たしかに繁殖を助ける行為に比べて、遠く海上に棲む越冬地での保護は難しいものがある。わが国では未だ、その対策に有効な手段を見出せずにいる。

（一九九八年七月）

第二章　いまアビ鳥を考える

1. 瀬戸内海の島と瀧を描く

―三戸博成さん―

広島の宇品港のそばに、三戸博成さんとおっしゃる水墨画家が住んでおられる。東京の銀行を退職の後、帰ってこられたのである。

三戸さんは戦後まもなくから高校生まで、宇品の海で泳ぎ海とともに過ごした。そのころ海にはカブトガニ、イワガキなどたくさんの生きものがいた。広島を離れて三七年後、戻ったそこに自分の知っている海はなくなったと感じた。岸辺から下りるとすぐに砂浜が広がっていた。潮干狩りは子どもたちの楽しみだった。その砂浜もカブトガニも護岸工事でなくなっていた。

三戸さんは豊島に特別な思いがあった。アビ漁の島豊島は、アビの飛来する海を守ってきた。それが昭和三〇年代頃からの機械船導入で変わってきた。

〈海も島も変わってしまう〉

その思いが心を貫き、それが原動力になって〈それなら絵にして残したい〉との思いになったのである。そしてカレンダーを作ったとき、収益をあげることよりも瀬戸内海を描かせてもらったのだから環境に還元したいと思った。

出会い支えに瀬戸内描く

「早く治して
また必ず島
きに出掛け
二〇〇八年
カレンダー
二十日から
本通のひろ
夢ぷらざで
する。三戸

新聞報道された三戸博成さん

テーマは瀬戸内海の「島と瀧」。それからは瀬戸内の島々を回って絵を描き続けている。東京から帰ってきてから、故郷へのこだわりが加速した。熊野（広島）の筆、大竹（広島）の和紙、赤間硯（山口）というように、画材はすべて地元産を使う。手漉きの和紙を作る店は、かつては一〇〇〇軒をこえたが、今はもう唯一軒になってしまった。その手間ひまかける工程を見ていると、〈紙は無駄にできない〉と三戸さんは思う。

その和紙を使って、ふるさと瀬戸内の情景

を描いたカレンダーを作る。「瀬戸内海は地球の遺産」と名付けられたカレンダーは一四〇〇部を刷り、その売り上げは「県鳥あび」の保護基金として毎年豊島へ贈られている。

（二〇〇七年七月）

2. アビ鳥を語り合う友
―尾林治義さん―

■風聞とは反対のアビ鳥の諸事実

周防灘にアビ鳥が多くいるという。山口県光市沖にある牛島《うしま》に尾林治義さんという漁民の方がおられてお話が聞ける、またアビ鳥を見に連れていってくださるとのことである。

平成一七年（二〇〇五）三月二五日、私は光駅に向かった。前日とは違い快晴となった。駅には尾林さんが迎えに来てくださっていた。四〇代のかたである。

車で室積港に向かう。港にはたくさんのウミアイサが泳いでいた。そこでフェリーに乗船した。去年進水したばかりの真新しい船で、島の花モクゲンジの写真がかざってあった。乗客は私たち二人だけだ。風が強く波は三メートルと、ひどく揺れる。やがて二〇分ほどで牛島港に着いた。港には多くの漁船が止まっている。漁業の島、牛島は周囲一一キロ、人口一

尾林治義さんと牛島要図

〇〇人足らずの小島である。戦後の多い時は一〇〇〇人が住んでいたが、高度成長時、人口流出がはじまり今は減ってしまった。

陸に上がると牛島の由来を書いた看板があり、出張所の玄関は黄色のモクゲンジとカラスバトの大きな油絵がかかっている。尾林さんが描いたものだそうだ。

木下旅館に泊まることになった。良い造りで海に面していて障子をあけると海が一望できる。夜、尾林さんと歓談した。彼は幼い頃から鳥が好きで観察していたのだそうだ。アビ鳥も好きな鳥であると。

「アビ鳥は去年はとくに多くて一〇〇〇羽はいましたよ。でも今年は少ない」

「昔からいたのですか」

「ええ、ぼくが子供の頃からいました」

昔はイカナゴがたくさんいた。したがってアビ鳥もたくさんいた。今は少なくなったイカナゴにかわってコイワシが餌になっている。

イカナゴがいなくなった大きな原因に魚網の開発があると、尾林さんは言う。木綿製だった網が化学繊維製になり、網干しの必要がなくなった。網上げして休む期間は不要になり、一年中漁をする。イカナゴが産卵する機会を奪われたまま捕獲されるのでは、激減は当然である。

アビ鳥は群れで丸い円を作り、みな中心に顔をむけた体制でだんだんに円をちぢめてイカナゴをしめていく。波の荒いところを好むなどといわれているようだが、それは違う。人と同じで楽なほうを選ぶのが理にかなっている。餌をとるのは並大抵ではないのだから、野生の生き物は食べていくのに無駄な行動をとらないものだ。波に向かって魚は泳ぎ、それをアビが追いかけるので波に逆らう形になるのだ。

高速船がつっこんで鳥がおびえると言われるが、そうでもない。そのようなところは鳥のほうが避ける。むしろ高速のほうが逃げやすく、ゆっくりの船はかえって困っているように見える。羽が落ちると本当にぜんぜん飛べない、一羽が鳴くと皆でいっせいに潜る……、などなど。

尾林さんは話し上手だ。いろいろ経験している彼の話は実地に基づいているので面白いし、また巷で言われる風聞とは反対の事実が多くあり、参考になる。

そして、私が話した「アメドリ」の説にたいし、尾林さんはこう証言した。

「アメドリという名前があるのですか。昔の人は自然とともに生きていたということがよく分かりますね。アビが鳴くと確実に雨が降りますよ」

アメドリ。この言葉に私はいつまでもこだわってしまう。なぜならアビ鳥が鳴くと雨が降るという昔の伝説、そう、かつての北極圏に存在した言い伝え「レイングース」の物語が、このように時どき復活してくるからである。それは不意打ちをくらうような形であらわれる。

私の前著『アビ鳥と人の文化誌――失われた共生』で、このアメドリの伝承は単なる言い伝えで、実際には雨は降らないという欧州の科学者たちの説を紹介した。しかしいま、理づめの学者ではなく、毎日海に出てアビ鳥に接する漁民が〈雨の前になるとよく鳴くのは本当だ〉と断言するのである。広く欧米、北極圏域にかつて存在したレイングースすなわちアメドリの伝承を、単なる想像の産物と切り捨ててよいものか。想像の産物とするなら、なぜあのように広範囲に同じ伝承があるかが説明できないとも思う。

尾林さんの観察では、よく鳴くと翌日はかならず雨になるという。毎日海に出てアビ鳥と接する漁民は、実地体験に基づいている。アームストロング博士の説は必ずしも当たっていないかもしれないと思ったりもしてしまう。

日本でも富山県に「アビ類の海上にて夜鳴きする場合はしばしば暴風雨になる」とあるし、また熊本地方にシロエリオオハムについて海上にて激しく鳴き交わす場合はしばしば暴風雨になるとの言い伝えがある。またアメドリの名は九州北部に複数あって、雨との関係を示唆している。これからもっと実際の観察でためしていけたらよいと思う。

翌朝七時出発の予定だったが、風がつよくて船が出せないそうだ。尾林さんとともに陸路を行き山を越えて反対側にある平茂海岸に行くことになった。山道を小一時間、途中大木が倒れているのをくぐったり、またいだりしてようやく海岸に着いた。陽はうらうらと暖かく、上着が邪魔なほどである。オオハムが一羽、しばらくすると数羽の群れで現れた。ここでもウミアイサの群れが多い。ウやヒメウが飛ぶ。イソギンチャクが波にのって来る。

風がやわらかく感じられてきた。

「なんだか海が凪いできたみたい」と私が言うと、尾林さんはうなずいた。

「さあ　ここをひきあげて船に乗りましょう」

また山道を登り下り、表の海岸に着いた。

念願の船に乗ってアビ鳥を探すことが始まった。かなり走る。なかなか鳥は見当たらない。だいぶ走ったところで七〜八羽の群れ、また十数羽の群れがいた。尾林さんはアビ鳥との付き合いに慣れている。アビ鳥は潜るが、上手に左右に船を操っていくと、船のへさきにふいと浮かぶ。感心してしまう。

「鳥の気持ちになると、次に浮かぶ場所が分かるのです」と尾林さん。近くに鳥が浮かんだ。顔がよく見える。

「鳥のすぐ近くまで船を寄せることができるが、それはしたくない。こうやって追ったら、後で手を合わせてお詫びするのです」。これは本当に鳥を愛する人の気持ちだ。

「このところ鳥が少ない」と尾林さんは言った。昔、換羽時の三月、抜けた羽は大量に浜に打ち上げられていた。また二〜三メートルの幅をなし、三〜四キロメートルにわたってえんえんと流れる羽の道を目撃したという尾林さんの話は、往時の飛来数の多さを物語るものである。そんな日は、はるか遠いものになってしまった。

私は帰ることにして港に向かった。今日は年に一度の牛島の魚祭りの日だった。本土から多くの人が来て、帰りのフェリーは臨時便が出るほど、行きとはうって変わって混雑した。

（二〇〇五年五月）

■白い一羽のシロエリオオハム

平成二〇年（二〇〇八）三月一四日、牛島行きのフェリーに乗ると、釣り客の人たちが何人かいた。今日は広島の野鳥の会の方がたと一緒である。

「アルビノが来ているんですよ」

尾林さんの言葉にぜひ見たいと全員が期待する。

尾林さんの船で、三時間海上でアビ鳥を探し続けた。しかし見当たらない。運転しながら尾林さんは前後左右を見回すが一向に出てこず、ようやく一羽が見られたのみ。島にいったん帰ろうということになった。

「こんなことは今まで一度もない」「もう一度探す」

昼食をとりながら、尾林さんの執念が伝わってくる。案内人としての責任感であろう。ふたたび船に乗る。今度はほどなく見つかった。一〇〇羽のシロエリオオハムの群れ、すぐに白い一羽が目についた。

よく目立つアルビノ（渡辺健三氏撮影）

「あ、あれね」というと尾林さんがうなずいた。きびしい顔をしていいた。責任感にいままで、ずっと彼はしばられていたのだ。

白いのはよく目立つ。他にくらべて大きく感じるのは、白いからだろう。羽ばたきをしたとき、換羽のための羽が抜け落ちていることが確認できた。顔、頭、嘴が白く、体はうっすらとベージュがかっている。昨年までは二羽来ていたが、今年は一羽になった。いなくなった一羽のほうが、より純白できれいだったそうだ。

「ガーッ」

近くに行くと大きな鳴き声が聞こえた。

「鳴いた！」と私たちも大喜び。

三月半ば、繁殖期が近づいてきてアビたちは鳴き声をあげるようになっている。

「群れが大群になると、白ははずされる感じがありますよ」

尾林さんの細やかな観察眼は、毎日のようにアビ鳥を見ているからである。すぐに潜るアビ鳥を、同行の渡辺健三さんは熱心に撮りつづけていた。

もう一〇年来来ているというアルビノを、尾林さんのおかげで私たちは十分に堪能できた。四時半の帰りのフェリーに乗ると、前方に数羽のシロエリの群れがいるのが見え、それに別れをつげて牛島を後にした。

（二〇〇八年五月）

3．玄界灘の典型種アビ類
――玄界灘海鳥記録藩――

■相ノ島――さまざまな模様の鳥たち

平成一七年（二〇〇五）四月一三日、玄界灘に浮かぶ相ノ島に行った。前日の雨はあがったものの風が強く寒い。前の週の夏を思わせる暑さから一転して、冷え冷えとしている。今年は寒暖の差が実に激しい。

ＪＲ筑前新宮駅から港に向かう。タクシーで一〇分足らずで港に着く。相ノ島行きのフェリーは日に六本ほど出る。その日私は朝寝をしてしまい、予定のフェリーには間に合わず、次の一一時三〇分に乗って相ノ島に向かった。

相ノ島は周囲六・一四キロ、面積一・二五平方キロ、鳥の渡りの中継地である。朝鮮半島から九州、沖縄へのルートおよびカムチャツカ半島から本州、東南アジアへの渡りのルート

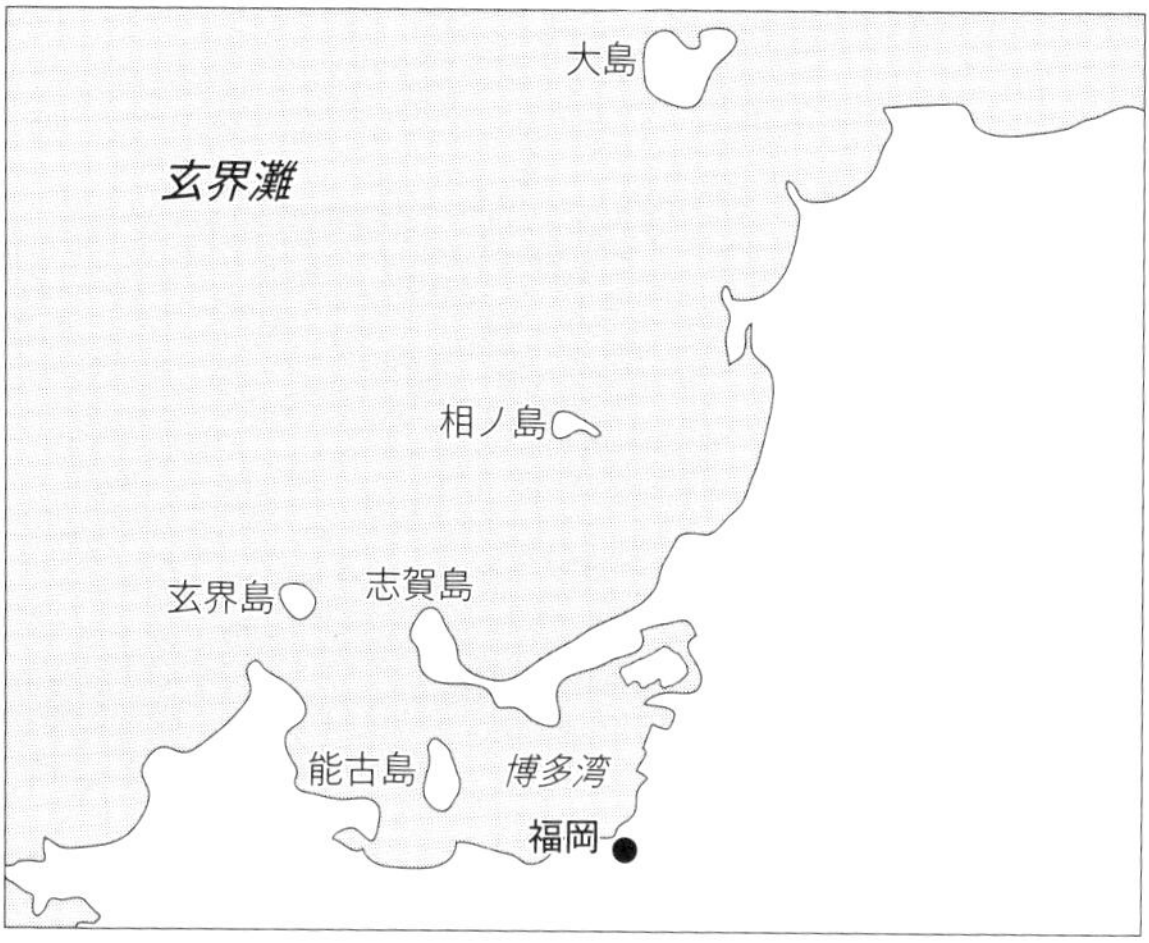

相ノ島要図

の交わる点にあり、ここ玄界灘には春先多くの海鳥が集まる。アビ類も多い。志賀島が海鳥観察にはもっともよいのだが、ひと月前の福岡県西方沖地震で道路が寸断され今は行けない。

航路、オオミズナギドリが舞い、ウミスズメ数羽も飛んで行く。相ノ島が見えてくる。ピンク色にかすむ桜の木が並んでいた。一七～八分で到着。湾が大きくひろがっている島である。

空はよく晴れて暖かであった。さてどちらに行ったものか。漁協事務所に行き訊ねてみると「この道なりに行ったら。いつも野鳥の会はテクテク歩いてますよ」と笑顔で教えてくれた。では行ってみるか。右手のほうに歩いていくと、観察道具を持った人が二人いるではないか。その人たちも私を見て足を止めた。

「こちらには何もいませんよ。左手のほうに行くとオオハム類がたくさんいますよ」

とおしえてくれた。

「あら、それを見に来たの」

と私は大喜びした。聞くと、それぞれ野鳥の会福岡支部、山口支部の会員だそうだ。「私たちも行きますから」と言って、その方たちは一緒に行ってくれた。

湾曲した地点を曲がると、海原がひろがり急に風が吹き付けてくる。その海にオオハム類の群れがいた。横に広がっていて、望遠鏡で引っ張るとかなりの数である。八〇～九〇羽くらいか。「さっきより遠くなった」と福岡氏。それに光線の具合もさきほどのほうがよいという。この方たちは私よりも二時間ほど早く来て、すでによく観察をすませておられる。鳥たちは遠いが、夏羽に変わりかけているのは分かる。

海岸に龍王石という大きな石がまつられている。そこから見ていると、漁師さんが近づいて来た。私たちが何を見ているのか興味が湧くらしい。望遠鏡に入れてあげると、

「ああ　ウガンだ」

「こちらではウガンというのですか」

また一つ地方名が分かった。そのうち鳥はだんだん遠くなっていく。そろそろ帰り支度のお二人と別れた頃、鳥もいなくなってしまった。もう少しじっくり観察したかったのにと、あらためて寝坊をしてしまったことが悔やまれた。

みはるかす玄界灘、正面にかすむ丸く盛り上がった島山は玄界島で、二〇〇五年三月二〇日の福岡県西方沖地震で大きな被害を受け、いまだに余震が続いている。ここ相ノ島も揺れがあったが、被害は出なかったそうである。

さて、鳥がいなくなってはいたし方ないので、私も島を後にすることにした。四時発のフェリーは釣り客で満員だった。夕方になると風が冷たい。

翌一四日、やはりじっくりアビ類を見たいという気持ちが抑えきれず、また相ノ島を訪れた。島に着いたが、昨日とうって変わって鳥は一羽も見当たらない。今日はだめなのか。〈早起きしたのに……〉と私はがっかりした。待つこと二時間、一〇時になってようやく一羽が現れた。それから三々五々現れて来だした。「まず一羽偵察に来ます」との山口の漁民、尾林さんの話の通りである。

群れはやがて八〇羽くらいにもなり、昨日よりずいぶんと近くに来たので、はっきりと夏羽になりかけの模様が見える。背中はチェック模様が浮き出し、すっかり頭が白っぽいグレーに光っているものもあれば、まだらの頭もいる。いまだ背中ともども黒褐色でしっかり冬羽のもいる。まだ、あご紐のままの個体あり、前頭に黒い縦線が見え出した個体もあった。この時期それぞれに羽の色、模様が違っていておもしろい。

潜るのにあきると、よく羽ばたきをする。羽の裏は白い。足をあげ真っ白な腹部をさらけだして羽づくろいをする。首をうしろに入れて休む。ウミウやヒメウ、ウミアイサが間に混じって魚をとっている。カモメも上を舞う。私が見る限りでは全部がシロエリオオハムに思えた。輪になって狩りをするのを見たかったが、遠くの平面から見るのでは分からないのかもしれない。

一人の漁師さんが近づいてきた。昨日の人と違って、この人はよく話してくれる。

「今年はウワメは少ないね。カナギ（イカナゴ）が少ないもんね。一昨年は一〇〇〇羽くらい浮いとったが。わしが子どもの頃からいっぱいいたよ」

昭和二年生まれの漁師さんはウガンとは言わずにウワメと言った。同じ土地の漁民でもそれぞれの呼び名を持っているらしい。

「四月いっぱいコウイカ漁で、そのあとカナギ漁だ」

「タイは釣れますか」と私は聞いた。

「釣れるがタイは安いもんね」

　あのアビ漁が盛んな頃、高級魚タイを釣るために瀬戸内海の漁民は重労働に従事したのである。それが今は安い魚といわれるタイ。時は移り、すべては変わってしまったのだ。

　アビ鳥は昨日と同じように、一二時を過ぎる頃から次第にいなくなっていった。海岸沿いを歩いていくと舗装のない小道になり、柔らかな微風が心地よかった。薄紫の野の花が咲き乱れ、波の打つ音、風のそよぐ感触、海は凪いで漁船が一五〜六艘も出て漁をしている。ノビタキが一羽ずつあらわれて春の唄を唄っていく。すっかりここが好きになってしまった。

　港のそばの小さな食堂にはいって、サザエ飯を注文する。ここではサザエ、アワビがよくとれる。アジやイサキのお刺身も新鮮である。昼食をすませて一時五〇分の帰りのフェリーに乗った。

　博多駅に着き、私は今回情報を頂いたクラバードを訪ねた。野鳥の会福岡支部の方がたの事務所にもなっているクラバードは西公園にある。公園に立つ大きな鳥居のそばで待っていると、田村耕作さんが迎えに来てくださった。案内して頂いた事務所の隣は空き地になっており、「ここに蔵があったからクラバードという名前にしたけれど、先日の地震で壊れてしまったのです」と田村さんが笑いながら説明してくださる。事務所には数人の方がたが仕事をしておられた。運良く玄界灘海鳥記録藩長の栗原幸則さんが来ておられてお目にかかることができた。その夕、四時の便で出立する私は短時間だったが、福岡支部の方がたと交流がもてて嬉しかった。

玄界灘には新宮沖から相ノ島にかけて、また奈多沖、海ノ中道を経て志賀島に及ぶ海域には外海性の海鳥を中心とした多くの鳥類が生息する。その分布および生態を調べようと、福岡支部は平成一四年（二〇〇二）度より五ヶ年計画で「玄界灘海鳥記録藩」を立ち上げた。ちょうどその頃、その海域に新福岡空港建設の案（後に白紙撤回）が県から出されたことも、調査の必要性に拍車をかけた。行政にたいして提案し、働きかけができるようにするためである。

まず、支部報などで文献調査。そして漁協職員、ダイバー、或は漁船長からの聞き取りをした。第一回調査は平成一四年四月二〇日チャーターした小型船からの海上調査になった。後、陸上からの観察など三回の調査が行なわれた。平成一五、一六年も四回ずつの調査を行なった。その結果判明したことは、一つは予想以上に多い海鳥の種類と数である。もう一つは網にかかる犠牲者が多いということであった。定置網が張ってある場所は魚の通り道であり、多くの海鳥が集まるのである。漁業において対象外の生きものも獲ってしまういわゆる混獲で廃棄されるものは、世界中で年間二七〇〇万トンと試算されている。混獲は、現在ではきわめて大きな国際問題にまで発展している。

玄界灘海鳥記録藩での調査方法としては陸からの定点観測、小型船による船上調査、定期航路からの船上調査である。採餌海域、ねぐら海域、行動範囲などの調査を行ない、綿密な計画、例えば玄界灘の典型種とみなしているアビ類についてもオオハムとシロエリオオハムの生息海域の違いの調査などがたてられ、海鳥の今後の保護活動に役立てようとしている。資金不足、人手不足もあって玄界灘海鳥記録藩の調査も簡単には進まないが、狭い事務所で皆黙々と地道にとりくんでいる。

（二〇〇五年七月）

■日本野鳥の会福岡支部報への原稿

二〇〇六年四月九日（日）、日本野鳥の会福岡支部の玄界灘海鳥船上調査に参加させて頂きました。玄界灘は朝鮮半島から九州、沖縄への渡りのルートおよびカムチャツカ半島から本州、東南アジアへのルートの交わる点にあり、春先多くの海鳥が集まります。

福岡支部は二〇〇二年、五ヶ年計画の「玄界灘海鳥記録藩」というプロジェクトを立ち上げました（藩としたのがユニーク）。陸からと定期航路からの観測の他、年に一回、春に小型船をチャーターして海上から鳥の観察と数を数え、分布及び生態を調べます。今年は五年目にあたり、船上調査も四回目を迎えました。

さてその日、朝早く福岡市内から田村耕作さんの車で集合場所志賀島に向かいました。春の客黄砂が到来、市街は薄茶っぽくかすんでいます。集合場所に着くと、皆さん早々とお見えになっており総勢一三名になりました。

記録藩の報告書

九時四五分、全員黄色い救命具を着用して出航、それぞれ船のへさきと中央と後方に座りました。へさきに陣取ったのは、望遠カメラを構えた写真係りの山本勝さんと小さなカメラを持った私。カウント計を持った田村さんも、へさきで海を漂うビニール袋やプラスチックのゴミを数えることになっています。

海は少し波がたっています。天候は曇りで午後には雨があるかもしれないという予報、海上はぼんやりともやって視界は良好とはいえません。しかしその中で、鳥はすぐにあらわれました。まずウミアイサ四〇羽、カンムリカイツブリ八羽、ハジロカイツブリ一羽。

博多湾の中にある能古島《のこのしま》が左手に見えます。ウミスズメが飛び、少し離れた沖ノ島に繁殖地のあるオオミズナギドリがたくさん飛びかいます。そして水中にはクラゲが多数見えます。

三〇分たった頃、セグロカモメとアビ類の混群があらわれました。五〇〜六〇羽が大きく広がって浮いています。アビ類はほとんどがシロエリオオハムです。それを双眼鏡で眺める間もなく、また次のアビ類の群れが三〇〜四〇羽、定置網が仕掛けてある側で、ここにはいつも鳥が集まります。

左に玄界島、右に志賀島、正面に相ノ島が見える場所に来ました。オオミズナギドリとアビ類との混群が浮かんでいます。シロエリオオハムはもう飛びはじめた個体も二、三おりました。夏羽に変わりかけたものもいて、きれいな背中を見せてくれます。

昨年の四月、私は相ノ島に渡り、陸地からシロエリオオハム一〇〇羽近くの群れをじっくり観察しましたが、頭が白っぽいグレーに光って背中はチェック模様が浮き出したものもあれば、まだらの頭もいる。いまだ背中ともども黒褐色でしっかり冬羽のものもいる。まだあご紐のあるのもいる。前頸に黒い縦線が見え出した個体もありで、この時期それぞれに羽の色、模様が違っていて面白いものでした。

柱島に来ました。この小さな島はウミウのフンで真っ白に覆われています。ヒメウが二羽飛んでいきました。

大机島、小机島が並んでいます。ここにはウチヤマセンニュウがいるとのこと。また近くの玄界島にはカラスバトがいるそうです。

田村さんが海上を漂う何かを見つけ、すくいあげました。オオミズナギドリの死骸で羽が折れており、死後それほど経っていないものでした。

藩長の栗原幸則さんは、カウント計を持って数を調べています。

「今度は大群ですね」

五〇〇羽のアビ類の群れ、長く黒い帯のように一筋の線をなしています。遠くなのですが、よく見るとその中で円を作っているようにも見えます。かつて瀬戸内海でアビ漁が行なわれていたとき、鳥たちは小魚の群れを丸く囲み、協力して捕食していたのです。その側で漁民はタイを釣り上げたのでしたが、それを見たような気がしました。

特筆したいのはウミスズメがとても多く見られること。数羽の群れ、最大は二五羽の群れ。その他カンムリウミスズメも飛びます。ウミスズメ類にもアビ類にも、舞うオオミズナギドリについても言えることですが、羽の模様などが近くでよく観察できます。北海道への航路でも海鳥はよく見えますが、何といっても遠い。その点ここでは近くで、同じ目の高さで、船も停まってくれるので、観察するにも写真を撮るにも絶好です。

相ノ島の南東に来ました。またアビ類の大群が二群、ふーっとあらわれてきます。海上では換羽した羽が次々に流れてきて、皆で躍起になって網ですくおうとするのですが、思うようにはいきません。

前方に、海の中道が長く続いています。海の中道の先端にある志賀島は昨年三月の福岡西方沖地震で回遊道路が切断され、今もなお全線復旧とはなってないようです。この島は有名な「漢委奴国王」金印が出土した地で、発見場所は金印公園となっています。

岸寄りに数十羽のアビ類の群れが次々にあらわれ、とにかく圧倒されるほどの数です。福岡支部ではアビ類を玄界灘の典型種にしています。

予報ははずれて薄日も差し、海もべた凪ぎになって海鳥をカウントするには良い天候の一日でした。五時間の航海の間、ビニール浮遊物は一八一個カウントされました。これを海の生きものたちが食べ物と間違えて飲み込めば、命を失うでしょう。この数字は支部報に掲載されるものです。今回、多くの海鳥を観察できたことに感謝いたします。

アビ類観察記録：アビ一羽・オオハム一三羽・シロエリオオハム九二八羽・アビsp.二七五一羽

（二〇〇六年四月）

―玄界灘海鳥調査報告―

「アビネット0116」報告　2010年4月20日

4月17日（土）福岡支部の玄界灘海鳥調査に参加しました。その日雪だったり、みぞれだったりの真冬並みの東京から来ると、博多はほんわりと暖かでした。

調査への参加者は10人で、遊漁船を借り切って玄界灘に出ました。海は凪いで、陽は差して暖か、朝10時から3時までずっと見てまわりました。

しかし海は静かです。アビ類を見つけるのも、あそこに1羽、ここに1羽と数える状況、最大の群れは12羽でした。

「今日はアビ類の調査なのに、アビはどこに行ったのだろう」と福岡支部の方がたも首をひねっておられました。漁師さんが「昨年も今年もカナギ（イカナゴ）がいない」と言っておられたそうで、そんなことが影響しているのでしょう。

4年前の2006年4月に3000羽の群れが観察できたのと反対の極にあります。

多く見られたのは、ウ、ヒメウ。他にアマツバメ、アオサギ、クロサギ、ハヤブサ、ウミスズメなど。オオミズナギドリは皆無。

アビ類観察記録：シロエリオオハム57羽　オオハム12羽
アビsp. 5羽

第三章　アビ類（アビ鳥）とはどんな鳥？

1. アビ類五種

アビ目の祖先は六五〇〇万年前頃に出現したと考えられている。従来はカモメの類から分岐したものであろうといわれていた。しかし、最近はグンカンドリやペンギンの仲間に近いという新説もあらわれている。

大型の水鳥で、地上を歩くのは大の苦手だが、潜水はきわめて巧みである。雌雄同色であるが、冬羽と夏羽では羽色はいちじるしく異なる。冬は白と灰黒色の二色で地味な色合いだが、夏になるとまったく別な鳥かと思うほど素晴らしく美しい鳥に変身する。大きさは雌雄ほとんど同サイズで、見た目での区別は難しい。

一属五種いる。アビ（*Gavia stellata*）、オオハム（*Gavia arctica*）、シロエリオオハム（*Gavia pacifica*）、ハシジロアビ（*Gavia adamsii*）、ハシグロアビ（*Gavia immer*）である。このうち、ハシグロアビを除く四種が日本に越冬に来る。日本での分布は、北海道、本州、四国、九州の沿岸で、ほぼ全域にわたる。一〇～一二月に飛来し、五月半ば頃までには北へ帰る。岸から離れた海上におり、漁民以外にはほとんど目にふれない。

国外分布としては北半球の北部地帯全域に生息、繁殖しているが、いちおう代表的な場所をあげておく。

アビ

夏　バフィン島、グリーンランド、アイスランド、スカンディナヴィア、スコットランド、シェトランド諸島、シベリア、カムチャツカ、北千島、サハリン、アリューシャン列島、アラスカなど。

冬　イギリス、北海、地中海、カスピ海、黒龍江流域、中国、朝鮮半島、台湾、カリフォルニア、フロリダ沿岸、など。

オオハム

夏　シベリア北部、カムチャツカ、北千島、サハリン、アラスカ、グリーンランド、アイスランド、スカンディナヴィアなど。

冬　中・南千島、サハリン、朝鮮半島、黒龍江流域、ウスリー沿岸など。

シロエリオオハム
夏　北千島、シベリア北東部、サハリン、アラスカ、北米西・東部など。
冬　ウスリー沿岸、朝鮮半島、アメリカワシントン州・カリフォルニア州、太平洋沿岸、など。
ハシジロアビ
夏　シベリア北部、アラスカなど。
冬　アラスカ、カナダ、中国、ノルウェーなど。
ハシグロアビ
夏　カナダ、アメリカ東・西部、グリーンランド、アイスランド、ノルウェーなど。
冬　アラスカ南・東部、フロリダ、テキサスなど。

五種は互いによく似ているが、その中でアビだけは形態、生態、行動、繁殖など多くの点で違いも見られる。

形態では、夏羽のアビの背中は灰黒色の地に小白点が点在するものだが、他の四種の背中は、黒地に白のチェック模様が整然と並ぶ。前頸の斑の色は、アビでは赤茶色、オオハム類は黒紫、あるいは黒緑色をしている。

生態では、全身完全換羽の時期が異なる。アビだけは繁殖後に行なわれるが、オオハム類は繁殖前である。したがって日本では三月であり、風切り羽が一度に抜けるため、数週間は飛べずに泳ぐだけである。

テリトリー争いの行動には、アビだけに特別なものが見られる。「スネイク・セレモニー」とか「プレシオサウルス競争」と呼ばれる儀式化した動作をする。また、水上からの飛び立

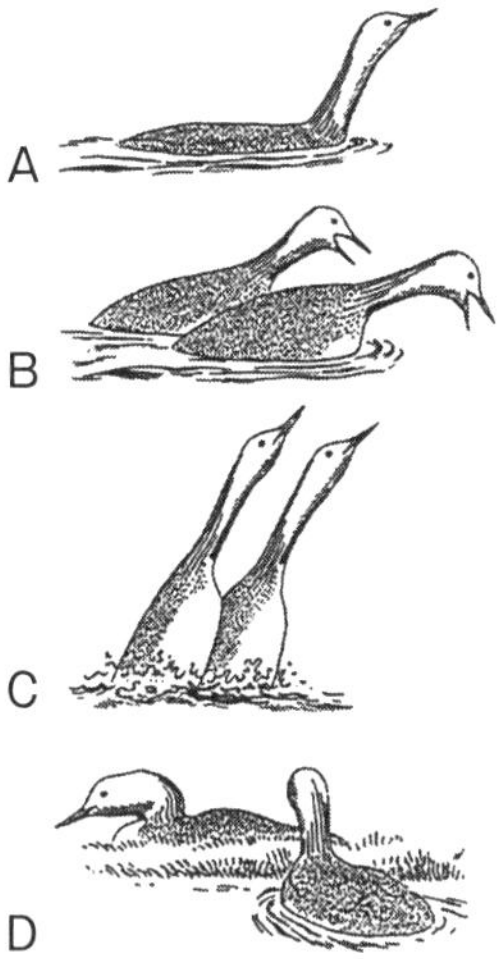

アビのディスプレイの図
（Handbook of the birds of Europe より）

A. まず頸を斜めに立て、くちばしを上に向けた警戒態勢をとって相手に近づく。
B. つぎに斜めに頸を突き出し、侵入者もこれにならい両者でならんで滑るように泳ぐ。
C. 体を急角度にたてくちばしも上につきだした「プレシオサウルス競争」と呼ばれる姿勢で立ち泳ぎする。そして翼でたたきあい、ついには激しくくちばしでつきあって格闘する。
D. のど斑はやはり強さを誇示するものらしい。求愛行動時のメスは、オスのあとを頸を深く垂れて斑をかくして泳ぎ、そのまま陸地に上がって交尾する。

ちはアビだけは直接水面から飛ぶが、他の四種は水面を助走して行なう。

繁殖は、アビは遠くの海や大きな湖に餌を取りにいく習性を持つので魚のいない小さな浅い池でも営巣するが、他のオオハム類はそこで採食できる大きな湖や大河の河口などを選ぶ。食性としては中・小型の魚類が主で、生き餌のみ口にする。タラ、サケ、マス、スズキ、ニシン、イカ、カニ、エビ、他にカエル、ミミズ、ヒル、水棲昆虫などを食する。時には草も食べる。日本では主にイカナゴやイワシを食する。

繁殖は、北半球の寒帯、亜寒帯の淡水湖やツンドラ地帯の大河の河岸などで行なう。寒い早春の頃、北極圏に渡って雪の溶けるのを待ち、巣作りを始める。巣は川岸や湖中の小島、また、島ともいえないような土塊が水中から突き出しているような場所に作る。まわりの草を折り敷いた簡単な巣で、アビにいたってはむきだしの地面にくぼみをつけただけの粗末な巣である。水際わずか三〇センチとか一メートルぐらいの場所に営巣するのは、歩くことが苦手なので危険が迫ったときにすばやく水中に逃れるためである。そのため、大雨などで水位が上昇すると、巣が水に浸ったり流されたりして繁殖が阻害される。卵はふつう二個産むが、先に孵ったヒナが後のヒナへの親の給餌を妨害するため、一羽しか育たぬことが多い。抱卵、育雛は両親で行なう。二～三歳ぐらいから繁殖ができる。長命で一〇年以上生き、外国ではアビに二三年、ハシグロアビに二八年の記録がある。

アビ類の繁殖期の鳴き声は、つとに定評がある。ハシグロアビの声は三大美声の一つにあげられている。針葉樹林の静寂の湖に長々と響く声に、人びとは魂を奪われてしまうらしい。カナダ・アメリカには、この声に魅せられてアビ類にのめりこむ人びとも多い。そこには二〇以上のアビ類保護団体があり、おおぜいのボランティアが活動にいそしんでいる。

オオハム、シロエリオオハムの声は人の声に似ており、「オーイ」と呼びかけるようなものである。悲痛に満ちた「オーイ、オーイ」という声は、人びとの心を揺り動かし考えさせ、日本の瀬戸内では平家にまつわる伝説を生んだ。

フィンランドで作成されたビデオでみると、夏のアビの声はミャーミャーと猫の声に似ていて騒々しい。群れでの動作自体も騒々しく、したがって、シロエリオオハムで行なう日本のアビ漁の際には、アビが入ると漁が成り立たなくなるといわれていた。

それに反してオオハムの群れは声を立てず、静かに泳いでいた。またオオハム、シロエリオオハムは協力して群れで餌とりをする習性があるが、アビについてはそのような話は耳にしない。アビ漁は、オオハム漁、あるいはシロエリオオハム漁と名づけるべきだった。

かつては万を越すほど飛来したというアビ類は激減し、地域レベルでのレッド・データの取り扱いでは、広島県、山形県で絶滅危惧種に、愛媛県、香川県、京都府で準絶滅危惧種に指定されている。

2. 数ある呼び名
―その由来と伝説―

アビ類にはおもしろい方言名がいろいろとある。鳥類方言名集として『狩猟鳥類の方言』『鳥類の方言』が、大正年間に出版されている。これは日本鳥学会初代会頭の飯島魁博士の奨励にしたがって、全国から方言名が採録され、まとめられたものである。その中に方言名が地方別に記されている。アビ、オオハム の名の語源は、方言名の中に存在していた。数多い方言名は、一覧表にして後のほうで示すことにする。その中でとくに興味深いものを幾つか、次に取り上げてみよう。

「平家倒し、平家鳥、ヘイキ」

数ある名の中で「平家」の字のつく名が目立ち、かつ全国的にある。これは瀬戸内海地方で発生し、各地に波及していったものと思われる。源平合戦の戦場になった瀬戸内海には、平家にまつわる伝説が多く残されているが、そこに集うアビ類にもまた、このように平家の名が冠せられた。

それは彼らの特異な鳴き声に由来する。桜の花が咲く頃になると、瀬戸内海には海霧の発生がみられる。繁殖期が近づいてきたアビ鳥たちは、「オーイ　オーイ」と濃霧の中、あたかも人が呼ぶような声で鳴き、人の耳をそばだたせる。高く物哀し気な声の主に、漁師たちは壇ノ浦に落ちてゆく平家の武者の面影をだぶらせた。山口県、愛媛県、広島県には、「平家倒し」としての伝説がいくつか残っている。

・平家だふし

平家だふしは海鵜の事である。この一群は水無瀬島から平郡島の間に多く遊弋して、魚群の位置を教へてくれる鳥であるが、この鳥にも何故話が一つある。

昔、壇浦の戦争の時のことである。平家は沖から上がつて来て、陸の源氏をやつつけてやらうと思つて、山の中に隠れて居た。その時、この鳥が海からやつて来て、平家の隠れて居るあたりの木の上にとまつて、人間の泣き声に似た啼方をした。それをきいた源氏は、それを平家の者の声だと思つて攻めて来た。すると本当に平家が居たので、美事に攻め破つてしまつた。

それが十二月の十六日の日だつたので、平家の恨みがついて、鵜の鳥はその日だけ海の底へスイノコ（潜る）をいることが出来ん様になつた。で一日中ひもじい思ひをして居らねばならん。この日伝馬で三丁櫓をたてておして行くと、鵜は手でつかまへられるといふ。

かうして平家をたふしたから平家だふしという様になつたといふことである。平家のほろびたのは史実では十二月十六日ではなく寿永四年三月二四日であつた。

『周防大島を中心としたる海の生活誌』宮本常一著
・平家だほし
鵜の一種である。平郡海面には随所に見受け盛んに蕃殖して居る。かつて平家の一族が潜伏して居た時、此の鳥が立つて、その潜伏場所を源氏の軍が知り得た所から、この称があるという次第。

『大島郡大観』

・平家倒し

寿永四年二月屋島で敗れた平家一門は、六才の安徳帝と神器を奉じて、長門壇ノ浦へと落ちていった。いまから七七〇年ばかり昔である。

勝に乗じた義経は、数百隻の軍船を仕立てて海路これを追った。源氏の白旗がはたはたと潮風に鳴って勇ましかった。船が室津半島の、相ノ浦池尻（現在柳井市）沖合に差しかかったとき、水主の一人が「コーイッ、コーイッ」とかすかに呼び返す人の声を聞いた。右手の浜辺は、すっぽりと朝モヤに包まれて、わずかに松林が長くつづいているのが見られるだけだ。はて、首をかしげた水主が、もう一度ヘサキの方に目をやろうとした瞬間、松林の間で、キラリと朝日に光ったものがあった。ヒトミをこらすと、帆柱の先につけた飾りの金具であった。おかしい、漁師の船ではない。やがて朝の日がモヤを払うと、松林の枝越しに、数条の赤旗がなびいているのが見られた。「平家だ！」数百の船は、一瞬どよめいた。ホラ貝が吹き鳴らされ、カブラ矢がウナリをたてて飛んだ。一〇〇人足らずの平家の残党は、やがてシカバネの山と化した。

この池尻には、周囲二〇〇メートルばかりの池があった。細長い堤で海と隔てられ、堤の上には一列になって松が生えていた。屋島の戦いで傷ついた平家の残党の一部は本隊に取り残され、追手の近いのを知って夜にまぎれてこの池に船を引上げ、源氏の軍船をやり過ごそうとしたものだった。「コーイッ、コーイッ」と叫んだのは、白い海鳥の鳴き声だった。付近の人はかもめに似たこの鳥を、いまでも〝平家倒し〟と呼んでいる。

『瀬戸内海』―平郡島　中国新聞社

・平家だおしとスコ

栗井の大箱の沖から睦月までの瀬木戸海峡にかけて、夕方になるとオーイと鳴く平家だおしという海鳥がいた。昔、平家は屋島の戦いで敗れ、長門をさして落ちた。その一隊は瀬木戸を通過しようとして日が暮れた。そのときオーイ、オーイと平家の船を呼ぶ声にそら源氏が追いついて来たといってたまげた。瀬木戸の潮流の早さに船の操縦をあやまった。平家の船同士はぶつかり合って、たくさんの人が海に落ちた。海は暗く助けることができなかった。

オーイ、オーイと呼ぶ声は迫って来るので、落ちた人たちを救うこともできず、あわてて逃げていった。このとき海に落ちた人たちは沈んでしまった。年経て瀬木戸にスコという魚が泳ぐようになった。これは海に沈んだ平家の人たちの霊がこの魚になったということである。それよりこの海鳥の名を平家だおしという。これは江戸時代生まれの筆者の父から聞いた話である。スコは食べられない魚で体長一メートル以上あり、今も瀬木戸付近と釣島水道には海面に背を見せながらたくさん泳いでいる。平家だおしの鳥は筆者の少年時代には沢山いたが近年は少なくなり、オーイという鳴き声もあまり聞かれなくなった。ふるさとに残る源平戦における平家にまつわる物語である。

『中島町誌』　愛媛県温泉郡中島町

・平家鳥

瀬鳥（アビ鳥）を平家鳥とも言いよった。あれは夜、友を呼ぶのにオーイと哀れな声で鳴く。平家が壇ノ浦に逃げるとき、はぐれた者が自分の友に「オーイ　待ってくれや待ってくれや」と言いよった話。それが死ぬるとき鳥に化けたんじゃろうな、と皆で言いよった。

大東恵助氏談　広島県倉橋島在住

「イカリドリ」

アビ漁の本場、広島県豊島での呼び名だが、海面の状態から来ている。激しい潮流に荒れ狂う海面を〝水が怒る〟と表現し、そこに好んで集うアビ鳥を「怒り鳥」、漁場を「怒り網代」、漁を「怒り漁」といった。

「オウミヨウ」

カイツブリの俗名からきているのではないだろうか。「ミヤウ、ミヤウサイ、ミヨ、ミヨウコ、ミヨウチン、ミヨーキン」などのカイツブリの俗名は、ニホドリ（『万葉集』『和名類聚鈔』）、ミホドリ（『古事記』）からきている。カイツブリ科とアビ科は姿も習性も似通っている。アビ類を大型のカイツブリとして「ミヨウ」にオオをつけて「オオミヨウ」と呼んだのではないだろうか。この文章を書いた後、私は江戸時代の古書『堀田禽譜』を見てアビに「ウミヤウ」の名があることを知った。ウミヤウは「海ニホ」の転じたもの、あるいは「海ウ」の転じたものと思われるとの記載があった。海ニホからのほうが、あたっているように思える。

「ドウショウ」

神奈川県下での俗名であるが、このおもしろい名は次のような言い伝えからきている。

・ドウショウ

平家倒し、ドウショウというのは海鵜のことだと腰越では言うが、三崎では背は鵜のように黒いが腹は鷗のように白い、鵜になろうか鷗になろうかどうしようか考えているので、ドウショウだという。これをドショウとも呼ぶが、夕方近くなるとエーオ、エーオと一種異様な叫び声をのどの奥から絞り出すようにして鳴いた。もの寂しい声だった。

この話をした甚兵衛爺さんが子供の頃、親父に連れられてシマシタ（城ヶ島外）へ根釣りやタイ延縄にいくと、あきて家に帰りたくなる時分に、よくこの鳥が鳴いたものだ。すると親父が「ドショウが鳴くから帰ろうか」と言う。その一言で急に元気づいたものだったという。蛙の声で家へ帰っていく農村の子供たちに比べて、ドショウの鳴き声に家へ帰る漁村の子供には、なにか一抹の寂しい影がつきまとっていたようだ。

富士川の戦に、平家の軍が水鳥の羽音に驚いて逃げた時にも、これが鳴いたというので、ドショウのことを平家倒しともいったそうだ。

『渚の民俗誌』谷川健一編

「オキウ」

これは愛媛県青島での呼び名である。「鵜攻め」という漁法があり、野生のままの鵜がイカナゴを追う後をつけてゆき、イカナゴの群れの中にボンデン竿を入れてかきまわすと、イカナゴは怖れて一ヶ所に集まるのをサデ網ですくいとる。このような鵜はオキウというもので、鵜飼につかうイソウとはちがうという。オキウのほうは足がやや長く、胸がいくぶん白い。魚を集めてくれるオキウは、したがって漁師たちから神のようにあがめられていたという。鵜飼につかうイソウのほうは同じく魚を追うにしても、追いちらしてしまうので、そのためチラシウともいったという。　『原始漁法の民俗』最上孝敬

「七里」

青森地方での、この奇妙な呼び名には首をひねったが、七里は当て字であり、「シ・チリ」というアイヌ語だったことが後に判明した。アイヌ語辞典によると、「シ・チリ」は真鳥という意味で、幌別地方ではウミアイサを指すとされる。アイサ類はしばしばアビ類と混同され、アビの俗名に「アイサ」があるし、カワアイサの俗名に「アビ」とあるくらいだから、この場合は方言名集にあるとおり、シロエリオオハムとしてよいであろう。

「シビドリ」

鹿児島県の方言名で、皆目見当がつかなかったが、鹿児島との県境にある熊本県水俣に行ったときに判明した。水俣の漁民たちは、しびんの形に似たアビ鳥を「シビンドリ」と呼んだそうである。シビンドリがつまって「シビドリ」になったのだ。

「アメドリ」

この呼び名があるのは九州だけである。アビ類の数ある俗名のうち、私がもっともひかれ、こだわった名がこの「アメドリ」であった。

はじめてこの名が頭に刻みつけられたのは、平成二年（一九九〇）のある日の新聞紙上においてで、演劇人砂田明氏による水俣病告発の一人芝居『海よ母よ子供らよ』の東京公演を報じる記事の見出しが「アメドリの還る日に」であった。これは砂田氏の近著のタイトルで、その中に、「アメドリとはシロエリオオハムのこと。群れて鳴き交わすと雨になることが多い（福岡、熊本）」との解説がついていた。雨が降るという現象に、私の興味が大きくそそられたのである。

『鳥類の方言』をひもといてみると、「アメドリ」の名で呼ぶのは、福岡県、熊本県宇土郡戸馳村、同天草郡本渡町、熊本市とある。また長崎県南松浦郡北魚目村（五島列島）では、ウミアイサに「アメドリ」の名をつけているが、これはアビ類と混同しているのではないかと思われる（七里の項参照）。「アメドリ」の名は今でも広く存在しているのであろうか。私は日本野鳥の会福岡支部の田村耕作氏から城野茂門氏を紹介していただいた。城野氏は野鳥研究家として、たいそう博識な方であった。「雨になるという話を直接耳にしたことはないが、アビ類が福岡県相ノ島、長崎県対馬、熊本県水俣地方でアメドリと呼ばれていて、雨が降るゆえのこと。黒田長礼著『旅と鳥』のなかにも、アビ類のアメドリの名は雨の降る前などによく鳴くところから来ている、と書いてある」などを、たくさんの資料のなかから、おしえてくださった。やはり雨と関係があるらしい。

さらに『鳥』五巻二四号に載せられてあった報告「富山湾における海鳥と魚群との関係其他」を読んだとき、その推量はいっそう深まった。その報告は昭和二年に、富山県技手の辺見十郎氏によってなされている。すでにその頃から漁獲の減少が言われており、その調査にあたった人だが、魚群の標識鳥になるウやカモメやアビ類についてふれている。その中で「海鳥類中漁師に天候の急変又は暴風雨を予報せしむる鳥類の種類」の項に「阿比《あび》の海上においで夜啼きするときは往々にして翌日天候急変し又は暴風雨になることあり、阿比のことを当地方では『ヘイキ』と称す」と記している。そして「鳥類、昆虫及は虫類の習性と気象の関係を事実俚言と一致する点を目下体験中なり」と結んでいるところからみると、富山湾地方での言い伝えを書いていることが分かる。

アマコイドリと呼ばれるアカショウビンやあるいはカモメ、オオミズナギドリなど雨との関係を云々される鳥は他にもいるが、アビ類もまさしく雨を告げる鳥だったのだ。

しかしこの考えがあやうくなったのは、熊本の水俣に行ってからだ。アメドリは地元の漁師の間で今でも親しまれていたが、私が会った三人の人びとは雨との関係を一様に否定した。なぜアメドリというのだろうね、と首をかしげる人さえいた。実はもうひとり、アメドリと雨との関係を疑問視した地元の人がいた。『野鳥』誌第六巻一二号（昭和一三年）に、福岡県の安部幸六氏が「福岡、熊本地方ではアビを一般にアメドリという。しかし調べてみたが、どうも雨とは関係ないようだ」と二度にわたって書いている。

それでは雨が降らないとしたら、なぜアメドリなのか。

言葉の転訛が考えられる。アビの方言名に「アミ、アミドリ」などの名がみられる。「アミドリ」が訛って「アメドリ」になった、雨とは関係ないままにこの名が一般的になっていった、と考えることができる。

一方、鳴き声を雨の予報とするアメドリの言い伝えはやはり存在した、とする考え方である。その言い伝えがアビ類がおびただしく渡来していた瀬戸内海にはまったくみられず、北部九州と日本海沿岸の富山湾にみられたのはなぜだろう、ということである。私はこの後、この疑問にこだわり続けていくことになる。

「タマトリヒメ」

長崎県にこの珍しい名があった。

アビには長崎付近では、タマトリヒメ（玉取姫）という古名があるそうだが、これもおそらく古い物語からきたものであろう。『旅と鳥』黒田長礼著

鳥類学者の黒田長礼氏がどのようなところからこの名を聞かれたのか、今では知ることはできない。昔の人が地味な冬羽のアビに、かくも優美な不思議な名前を与えたのはなぜだろう。玉取姫の伝説はあるが、鳥には関係のない物語と思える。

唐突な話になるが、タマトリヒメと神話のタマヨリヒメとは無関係だろうか。海幸山幸神話は七世紀、大和朝廷に多大な力を有した阿曇《あづみ》氏の伝承という説がある。山幸彦が失った釣

り針をたずねて海神の宮に行き、トヨタマヒメと結婚した。その子ウガヤフキアヘズノミコトを養育するため、トヨタマヒメの妹タマヨリヒメが地上にやってくる。トヨタマヒメが神であるのにたいして、タマヨリヒメを神霊が憑りつく姫、すなわち巫女とする考え方が通説化している。

阿曇氏は対馬から博多湾頭志賀島あたりを活動地域に、朝鮮半島との交渉で活躍した海部の統率者である。阿曇の海人たちはアビ類を指して、

「あれは雨をしらせる鳥だよ」

と、言ったかもしれない。

「魔術を行なうシャーマンだよ」

と言ったかもしれないと私は想像してみる。シャーマンは日本では巫女である。シャーマンと聞いて北九州の倭人は、鳥に「タマヨリヒメ」の名を冠したのかもしれないと。トヨタマヒメを祭神とする神社が数多くある対馬に、このようなとっぴな想像をめぐらしてみたが、そうでもなければこの不思議な名の由来は見当がつかない。

ともあれ、このうつくしい名をもらったアビ。その出所を知りたくて手をつくしてみたが、今はもうタマトリヒメの名は、この本の一行に夢のように収まっているだけになってしまっ

た。

「アビ」「オオハム」

さて、いよいよ本名にうつることになった。アビ、オオハムの名は何が語源であろうか。「アビの漢字は阿鼻叫喚の阿鼻ですか」とよく冗談まじりに聞かれるが、これは「阿比」と書く。この漢字からは由来は推測できない。

オオハムは「大波武」である。瀬戸内海での「怒り網代」「怒り鳥」を考えれば、荒波の間を雄々しく泳ぐアビ鳥に「大波武」の字はいかにもふさわしく見えるが、阿比と同様これも当て字であろう。

いつの探鳥会だったかビギナーのバードウォッチャーが、オオハムをうっかり「生ハム」と言い、楽しませてくれたが、ついこんな言葉が口をついて出るほど、オオハムもまたアビも何となく日本語らしいなじみがない。『大言海』にはアビはアイヌ語かもしれぬと記してあった。「水鳥ノ名ニAuwaアリ。ソレニテモアラムカ」。だがアイヌ語辞典を引くと、Auwaはホホジロガモのことだった。

私は今回、方言名集を見てすぐに思い当たった。オオハムには「ウヲハミ（魚食み）」の方言名がある。オオハムはウヲハミが訛ったものであろう。他に「オオハミ、オオハブ、ウバミ」などの名があるのを考えても類推がつく。

このようにオオハムは容易に分かったが、アビについては簡単にはいかなかった。アビとオオハムではあまりにも異なった名前であったからである。

アビは「網引《あび》く」から来たかとも考えた。アビ類はよく網にかかって上げられるという。福岡県下での呼び名「アミドリ」にも、そのような推測がなされていた。しかし、それは長いこと心の片隅にあったものの、何か釈然とせずにいた。そして今、オオハムと同様、アビもまた「ウヲハミ」が語源と考えると、いちばん納得がいく。

アビの方言名も「ウアミ、ウバメ、ハミ、ワミ」など。アビは「ハミ」の転訛ではないかとひらめいた私は、そういう転訛は考えられるかどうか、言語学者の小泉保氏に電話をかけた。

小泉氏は明快に答えてくださった。

「HAのHは、話し言葉では往々にして消滅します。MIのMがBに変化することは、方言においてはいくらでもあることです。たとえば、さむい（寒い）をさぶい、けむい（煙い）をけぶいと言うでしょう。ですから、HAMIがABIになることはあり得ます」

オオハミと呼ばれたオオハムよりいささか小型のアビは、ある時どこかの段階で区別が行なわれ、オオが除かれてハミとされたのではないだろうか。そしてこの文章を書いたずっと後のことになるが、『堀田禽譜』で、平安末期の和歌に「アミ」の名があり、それをアビと解説している『動植名彙』という書物のあることを知った（詳細については次節の「日本ではいつ頃から知られたか」で述べる）。

昭和六年（一九三一）、広島県豊田郡のアビ群游海面は国の天然記念物に指定された。これに携わった調査委員は、報告書の中に、観察したアビ類の習性をつぎのように描写している。

「玉筋魚《いかなご》を好むこと甚だ盛にして終日啄《は》んで飽くことなし。故に其玉筋魚を駆逐する終日閑なし」

一日中、海上で小魚を食み続けるアビ類の姿に、沖の漁師たちは半ばあきれながら「ウヲハミ」と呼んだのであろう。「アビ」も「オオハム」も、鳥と共生した漁民の観察眼から生じた名であった。換羽期のアビ類はひじょうに多大なエネルギーを必要とし、大量の餌をとらねばならなかったのだ。

〔方言名一覧表〕

アビ

アイサ（大阪）
アトアシ（岡山、香川、愛媛、長崎）
アミドリ（福岡）
アメドリ（福岡、熊本、長崎）
アビタ（滋賀）
ウー（愛媛）
ウアミ（大分）
ウミガモ（栃木）
ウミボウズ（兵庫）
ウバメ（愛媛）
ザトウゴロシ（静岡）
オウミヤウ（岩手）
オロ（富山）
オロロ（秋田）
カイサン（愛知）
カニクイ（香川）
クニドリ（大阪）
センス（青森）
センスガモ（青森）
タコヒ（愛媛）
ハチ（石川）
ハミ（静岡）
平家倒し（大阪、北海道、大分、徳島、愛媛、樺太、千葉）
平家鳥（静岡、山口、伊豆諸島、広島、北海道）
北海道鵜（秋田）
松前ガモ（秋田）

ムグリ（岩手、埼玉）
モセセリ（福岡）
エビスクイ（愛知）
ワミ（鳥取）
ヲイカドリ（広島）
ゴベエ（新潟）
ゴベドリ（富山）
ドウシヨウ（神奈川）
ドウゼン（愛知、三重、神奈川）
ホウネンドリ（静岡）
カワトリ（静岡）
シモフリガモ（樺太）
真鳥（広島）
イカリドリ（広島）
ウメトリ（広島）

瀬鳥（広島）
アゲドリ（福井）
ウノトリ（愛媛）
タマトリヒメ（長崎）
オキナカ（静岡）
カズク鳥（古語〝潜《かず》く〟より）
インテウ（江戸時代古書より）
ウラヱ（江戸時代古書より）
ウミヤウ（江戸時代古書より）
鶻鵜《こつてい》（江戸時代古書より）
鶻鷿《こつへき》（江戸時代古書より）
アビ（江戸時代古書より）
アミ（江戸時代古書より）
アニ（江戸時代古書より）

オオハム（シロエリオオハムを含む）

アトアシ（愛媛）
ウヲハミ（広島）
ウバミ（広島）
オキガン（福岡）
オーム（鹿児島）
オハム（宮城）
オオハミ（愛媛）
オオハブ（千葉）
オオム（宮城）
オロロ（秋田）
タカ（富山）
シビドリ（鹿児島）
センス（青森）
センスガモ（青森）
北海道鵜（秋田）
ハモ（石川）
ハンバクラヒ（神奈川、ハンバは海藻の名）
七里（青森）
平家倒し（広島、福岡）
平家鳥（広島）
松前ガモ（秋田）
ムグリ（岩手）
ドーナガ（栃木）
バハシン（富山）
ウガン（福岡相ノ島）
ビシャ（大分）
アメドリ（熊本）
オキウ（愛媛）

ハシジロアビ　　　　　　　　オオアニ（江戸時代古書より）
ウラヱ（江戸時代古書より）　ウワメ（福岡相ノ島）

方言名はアビとオオハムに分かれているが、アビ類はともすればアビと呼称される性質上、アビの名とされるほうには、オオハム、シロエリオオハムの呼び名も包含していると思われる。また、はっきりとそのように認められるものもあるが、一応そのままに記した。

また「平家倒し」「平家鳥」については、いくぶん言いまわしの異なる名もあるが、便宜上一括した。

「方言名一覧表」には、『鳥類の方言』大正一四年農林省発行および、著者が接した文献の中から見つけた名前、また地元の漁民から聞いた名前を載せた。

3. 日本ではいつ頃から知られたか

北極圏域での派手な存在にくらべて、日本ではつつましやかなアビたち。そんなアビたちは、いつ頃から人の口の端にのぼるようになったのだろうか。『万葉集』に正体の分からない「八尺鳥《やさかどり》」という鳥の名前が出てくるが、これがアビ類ではないかという推測がある。

沖に棲も　小鴨のもころ　八尺鳥
息づく妹を　置きてきぬかも

この八尺鳥は何なのか、はっきりしない。私は万葉集註解書を四冊ひいてみた。「沖に棲も　小鴨のもころ」は「沖に棲む鴨のような」の意で「小」は接頭語である。「八尺鳥」は「八尺の嘆き」という語があるところから「長々と息を吐く鳥」と解釈されている。「嘆き」

は「長息」からきており、八尺は長さをあらわす。「沖に棲も　小鴨のもころ」を序詞と考え、全体は、〈沖に棲む鴨によく似た八尺鳥のように、深く溜息をつく妻を置いてきたことだ〉と、解釈できよう。では、長々と水に潜ったあと、長々と溜息をつく鳥とは、いったい何なのか。カイツブリの説もあるし、頭八咫烏《やたがらす》が頭の大きさをあらわす意であったことから、八尺は首の長さとか大きさをあらわし、ウではないかとの説もある。

『万葉集の鳥』の著者川口爽郎氏は、アビ、オオハムの類ではないかと推察している。私も、沖に棲む習性を持つ鳥はカイツブリでもなく、岸壁にとまるウでもなく、昼も夜も水上でのみ生活するアビ類のような気がする。

　あまり人目にふれぬ八尺鳥が沖に棲む習性を知る作者は、漁を業にしている人か、少なくとも魚を糧にするために沖に出ていく人だったのではないだろうか、などとの想像もわいてくる。

　八尺鳥がアビ類というのは推測の域を出ないが、平安末期になると明確な形であらわれてくる。『袖中抄』は一一八五年頃、歌人藤原顕昭が著わした難解な歌語についての詳解書であるが、そのなかに「あみ」という水鳥の名を詠みこんだ歌が解説されている。

みなくくる　あみのはかひの　かひもなく
ひとをくもゐの　よそにみるかな
（水潜る　あみの羽交いの　甲斐もなく
人を雲居の　よそに見るかな）

顕昭は「あみ」を解説して、「『あみ』とは水に潜る鳥で『あに』ともいう。『おほあに』ともいう鳥のことである」としている。

これを江戸後期になって『堀田禽譜』（一八〇〇年）でアビ、オオハムの項にて引き合いに出し、「アビはアミの転じたものであろう」と推測している。そしてさらに、「このように書かれているが、アビの類は今でも知る者は稀で、たまたま海岸で捕獲されてもその名を知らぬ者が多い。それなのに顕昭の時代に都の周辺で、この鳥がいることを知っていたとは思えないのだが、『アミ』と『アビ』は音が似通っているし、しかも水を潜る鳥だというし、『オオアニ』ともいう鳥だなどとあれば、多分これはアビとかオオハムというものだろうと思われる。しかし形状などは詳しくは載っていないので、絶対にこれだとは定めがたいので、顕昭の説のとおりを記して参考に供する」とある。

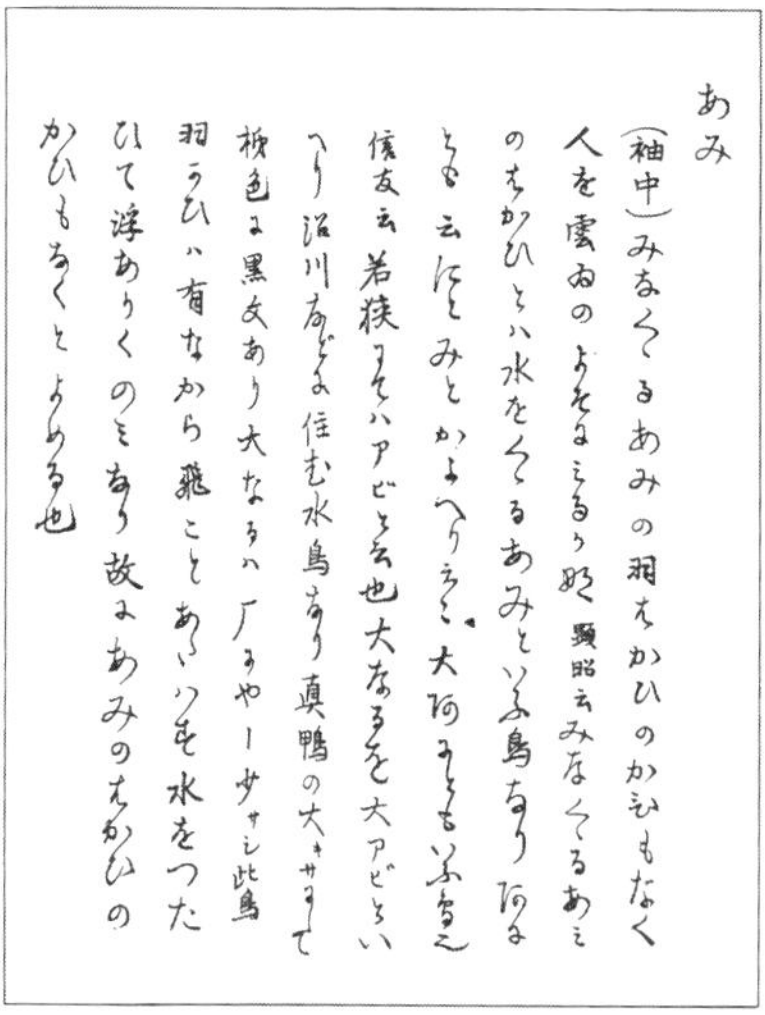

あみ
（袖中）みなくゝるあみの羽はかひのかひもなく
人を雲ゐのよそにみるかな　顕昭云みなくゝるあみ
のはかひとハ水をくゝるあみといふ鳥なり阿ミ
とも云にとみとかよへり云々大阿ミともいふなる
信友云若狭にてハアビと云也大なるを大アビといひ
へり沼川などに住む水鳥なり真鴨の大きさにて
板色に黒文あり大なるハ厂ほどもあり此鳥
羽うひハ有ながら飛ことあたはずして水をつた
ひて浮ありくのミなり故にあみのはかひの
かひもなくとよめる也

『動植名彙』の「あみ」の項

江戸の頃、すでにアビ、オオハムの名は成立していたが、それより古い名がアミ、アニ、オオアニということが分かった。これを発見したのは、この本（前書）の脱稿寸前である。それまでにアビを方言名「ハミ」が「アミ」を通して「アビ」になったと解釈し、発表（『野鳥』誌　一九九三年九・一〇月号）もしていた私は、それが立証されて大きな喜びを感じた。

さらにこのあと、『動植名彙』（一八三〇年、伴信友）においても「あみ」の項に同じ記載を発見したが、ここでは明確に「あみ」を「若狭にてはアビと云也、大なるを大アビといへり」と断定している。

また、この歌の内容にふれてみると、顕昭は「水を潜るあみのように下を這う甲斐もなく、よそにのみ人を見る」としているが、これでは意味が通らない。おそらく彼は、アビ類の生態を知らぬままに解説したと思われる。

はかひは「羽交い」で鳥の翼をさす。『動植名彙』で信友は「この鳥は翼がありながら飛ぶことができず、水をつたって浮き歩くのみだ。故に『あみの羽交いの甲斐もなく』と詠んだのだ」と解説しているが、これだと分かってくる。「あみという鳥が翼を持つ甲斐もなく飛べずにいるが、私も思う甲斐もなくあの女《ひと》を、遠くのよその人のところに見ているばかりだ」と、解釈するとどうだろう（注　換羽時、一時飛べなくなる。アビ類の換羽は春先に行われるため、したがって日本では飛ばない時期にあたる）。

さて、いつ頃からアビ類が知られていたかという出発点に戻るが、八尺鳥の歌からみても一二〇〇年前、あみの歌からみても八〇〇年前の昔からということがいえよう。

ただ一般的なアビ鳥の知名度について言えば、前述したように『堀田禽譜』（一八〇〇年）で、「アビの類は今でも知る者は稀で、たまたま海岸で捕獲されてもその名を知らぬ者が多い」と書かれているが、七九二年から八三三年にかけての歴史を編纂した『日本後紀』においても、アビとおぼしき見知らぬ鳥の記載がされている。

延暦十五年（七九六）の夏四月庚午、大学寮の上を五〜六羽の鳥が飛んでいき、そのうちの一羽が寮の南門前に落ちた。それは形は鵜に似て、毛は鼠色、背中にはまだらの毛が生えていた。その名前を知る者はいなかった。

これは時期（新暦五月）からみても、形状からみても、おそらくアビであり、北に帰る途中だったと推測できる。当時の人はさぞ不思議だったに違いないが、その『日本後紀』から一二〇〇年が経った現代でさえも、アビ鳥を知らぬ人は多い。

（この章『アビ鳥と人の文化誌——失われた共生』より。一部加筆）

第四章　アビ鳥と漁師の共生

1. 伝統漁法アビ漁

アビ漁にはさまざまな名称がある。鳥附漕釣漁業《とりつきこぎづりぎょぎょう》（これが漁業権の公式の呼び名らしい）、鳥漁、鳥附、鳥附専漁、モガリ釣り、怒り漁、鳥まわし漁、餌附漁などと地方によって異なるが、ここでは分かりやすいアビ漁に統一して書き進める。

アビ漁の起源は元禄時代、あるいは少し前の寛永時代に始まったといわれる。かつては安芸灘、伊予灘に浮かぶ芸予諸島、防予諸島で広範囲に行なわれていた。東は広島県能地、忠海沖から、西は愛媛県怒和島、津和地島、山口県周防大島付近まで及んだといわれている。

豊浜の怒り網代（アビ漁場）については、次のことが口伝で伝えられている。

元禄六年（一六九三）の頃、豊島の漁夫徳右衛門、作蔵、六蔵外三名の者が、尾久比島「一窓」の怒り網代を発見した。さらに元禄八年の頃、大浜村の漁夫久松、与吉と豊浜の漁夫前記三名の者にて、「馬乗」と「雀」の二ヶ所の怒り網代を発見した。

では、アビ漁とはどのようなものか。漁法は手釣りの一本釣りである。一本釣りは原始時代からの漁法だが、テグスが発見されてからの釣漁は急速にのびた。テグスは楓蚕《ふうさん》（テグスサン）という虫の奨液をとって作られたもので、寛永（一六二四〜四三年）の頃、最初は薬包の紐として唐《から》の国から日本に入ってきた。これをほどくと糸のようになり、漁師がこれを釣り糸として用いると大きな効果をあげた。

瀬戸内海でいち早くテグスを用いたのは、鳴門海峡に面した阿波堂ノ浦の漁民だった。彼らはこれを持って、瀬戸の島から島へと行商に出かけた。「てぐす」と書いた小さなのぼりを立てたカンコ船という、底の平らな小さな漁船に乗って売り歩き、同時に釣りの仕方もおしえたので、一本釣りの漁法は瀬戸内海全般に広がった。アビ漁を行なった山口県沖家室島に伝来したのが、貞享三年（一六八六）とされているし、広島県豊島にアビ漁が起こったとされるのも元禄六年（一六九三）で、一本釣り普及とからみ合っているように思える。

アビ漁の様子は、昭和四年（一九二九）に出された史蹟名勝天然記念物調査報告書「怒り網代」に詳細が記されている。

「毎年節分即ち寒のあきといふ二月三日目頃、何処より来るといふ事は判然せざれども、本名はアビと称する水禽、飛び来り此漁場に游泳す。此処に来るには飛翔し来るにあらずして、浮游せる倶来るなりと、アビを通常イカリ鳥又は平家タヲシと呼ぶ」

報告書「怒り網代」の中の「漁場景況」の章におけるこの書き出しは魅力的だ。毎年節分の頃、いずこからともしれず豊島の海を訪れてくるアビという鳥、それは飛ぶことなく、遠くから海上を浮いたままでやってくるのだ。想像をかきたてて神秘的で、まことに神の使いあるいは神とまで崇められた鳥にふさわしい姿である。その頃の海面には、数百数千、多いときは数万羽いた、と書いてある。

アビ漁はもう行なわれず、目にすることはできない。そこでこの「怒り網代」の文を基にすえて、そのあと私が聞いたり読んだりしたことを混じえて書くしかないが、記録の意味を考えて、できるだけ詳しく記すことにする。

アビ漁では手漕ぎの船、伝馬船を使った。鳥がエンジンの音を嫌うからだ。数十隻の伝馬船で怒り網代まで漕いで行き（後にはエンジン付きの船で行き、現場で伝馬船にのりかえるようになった）、明け方からアビ鳥が群れるのを待つ。船は漕ぎ手と釣り手の二人乗りだ。

やがて網代に数十、ないし二〜三〇〇羽のアビ鳥がつく。アビ鳥のイカナゴの追い方は巧妙だ。鳥のあるものは、イカナゴの集団の下側を体を反転させせながら通り抜けたり、ぐるぐる回ったりして魚をおどす（西道喜代弘氏談）。アビ鳥は群ればかりでなく、上手なもの

アビ漁を描いた図

は三羽くらいでイカナゴの集団をしめていく。鳥にも上手下手がある（北尾松作氏談）。鳥にしめられるイカナゴは逃げようと、しだいに中央に密集し、四〜五メートルもあった群れもついには一メートルの渦になり、水面から一〇センチも盛り上がるコーヒー色に染まった塊となる（北尾松作氏談）。ときにはその塊の上に大ダイが乗っかっていることもある（西道喜代弘氏談）。

その瞬間が待ちに待った人間の出番だ。まわりで見ていた漁夫が、「浮《う》た」あるいは「見た」と大声を発し、第一声を発した者が先取権をもち、アビ鳥の中に船を乗り入れる。当然鳥たちは散るものの、イカナゴの塊のほうは恐怖のため動きが止まっている。漁師は松の枝で作った巨大なタマでイカナゴをすくうのだが、多いときは一度に一

～二斗のイカナゴがすくえたという。すくうにもタイミングがあり、棒状に固まったイカナゴが固まりすぎるとストンと下に落ち、散らばってしまうのだそうだ。

「水面を斜めにじっと見て、そのタイミングを今か今かと待つ瞬間はスリルがあった」

と、ある漁師は言った。

また、イカナゴの群れがある程度固まりかけた頃、ボンデン竿という鳥に似せた白と黒の端切れをつけた竿で、群れの下をかきまわすことがある。イカナゴはこれを鳥と錯覚して水面上に逃げ、固まってしまう。これを愛媛県二神島では「鵜攻め」と呼んでいる。水中のアビ鳥が追い上げたイカナゴを、水面にいる鳥たちはとりまいて捕食する。

今までのアビ鳥に関する記事などを読むと、アビ鳥は円陣を作って追いつめる、と書いてあるのが多い。仲間と協力して餌取りする生きものは多々あり、テレビ番組で目にする。カナダの海に泳ぐシャチやシロイルカは、特殊な声で互いに合図しながら魚群をかこむ。アラスカ南部の沖合ではザトウクジラが、これも声でタイミングを知らせあって泡を出し、巨大な泡の網で魚群をとりかこんでいた。アマゾンのナンベイイヒメウという鳥の場合、その見事さに目を奪われた。おびただしい数のナンベイイヒメウが森のなかの湖に下りてきて、ただちに右回りに大円を描く。同じ方向に長い首を並べて、整然と泳ぐ姿は美しい。その円陣をだんだんに縮めていって魚をとるのである。

アビ鳥の円陣を作って魚を追いこむといわれる姿は、これらとは異なっているようだ。潮の本流にのってイカナゴを追い、流れがゆるくなる場所に来るとイカナゴをしめられなくなるため、横を流れる反流のワエ潮にのって元に戻る。多くのアビ鳥がこれを繰り返しながら採餌していると、さも群れで円陣を構成しているごとく、人の目に映じるということらしい（藤井格氏談）。

人間がこれらアビ鳥を目印に漁に出かけるように、カモメもまたアビ鳥を探してやってくる。イカナゴが固まると真っ先にねらうのはカモメ、騒々しく急降下してかすめとり、次が人間で、働き手のアビ鳥はかたわらでおこぼれを探しながら文句ひとつ言わない。

しかし、これはイカナゴ漁であってアビ漁ではない。漁民最大目的のアビ漁は、タイやスズキなど高級魚の一本釣りにある。当時、タイは滅多に口にできない超高級魚であった。

漁期は俗に節分から八十八夜までといわれ、最盛期は二月いっぱいである。その頃の水温は一〇度前後と低く、水底にいるタイは動かずに冬眠状態のように暮らし、ふつうは漁にならない時期である。それが、タイやスズキの好物のイカナゴをアビ鳥が下へと追いこんでくれるため漁になる。イカナゴの大部分は水面に追い上げられるが、一部は水底へと逃げる。目の前にあらわれた餌を追って、動かずにいたタイが上がってくる。それを、待ち伏せしていた漁船が一本釣りで釣りあげる。アビ漁はアビ鳥という媒介があるゆえに可能な漁である。しかもたいへん効率がよい。六本の枝糸全部にタイがかかることがあり、漁獲額の高さは、漁民が一年の暮らしをこの二ヶ月の漁だけでたてられるほどであった。

さて、話は戻って、数十隻の伝馬船はアビ漁にとりかかる。イカナゴ追いに夢中のアビ鳥の群れをかこんで直径五〜六〇メートルの大円陣を作り、本潮にのって潮下へと順々に船を流す。釣り手は船べりに座って漁具を海中に投入してタイを釣る。つまり漕ぎながら行なう手釣り漁である。

釣り糸はつねに船の右舷から垂らし、円陣の内側から垂れるようにするから、船は通常右回りとなる。潮上から潮下へと船を流し、決められた場所に来ると釣り糸を引上げる。六〜七本の枝糸にタイが食いついている。手早く針からはずし、新たな餌をつけ、また海中に投じる。漕ぎ手は船を本潮の横を流れるワエ潮にのせ、ふたたび元の場所に戻る。ぐるぐる、ぐるぐる、船団は大円を描きつつイカナゴとアビ鳥の群れをかこんで漁を行なう。

漁師たちは漁の間、けっして大声を出さない。小声で今日の漁の出来不出来をささやきあう。アビ鳥たちを驚かさぬよう気をつかい、慈しみ、鳥たちも安心しきって手が届くところを泳ぎ、怖れることがない。

鳥たちは満腹していても、イカナゴ追いをやめない。おもしろいのだ。追いながら遊んでいる。やがてそれに飽きてくると、急にパァーッと離れていく（西道喜代弘氏談）。こうして多くの鳥たちとともに行なう漁は、潮にたよって数時間つづく。

漕ぎ手は重労働だ。たいていは夫が漕ぎ、妻が釣る。力のある若い組はどんどん回って釣るし、高齢の組はその分、後の船に追い越されていく場面もある（西道喜代弘氏談）。

そのうち潮が変わってくる。上げ潮から引き潮になると、まずイカナゴが去っていく。それにつれて鳥も去り、その日の漁は終わりを告げる。

ただ、前日鳥がついた網代は、その日鳥の姿はなくともタイが釣れた。だいたい網代では必ず釣れることになっていた（西野富松氏談）。

調査報告書「怒り網代」には、大正の頃の漁獲額や漁業者および漁船の数が記されてあり、最盛期の頃のアビ漁の様子がしのばれる。これによると、大漁時には漁船一五〇隻が出漁していた。

最近五ヵ年の漁獲額

大正十一年度　九、四〇〇〇円

大正十二年度　一四、六〇〇〇円

大正十三年度　五、六〇〇〇円

大正十四年度　八、七〇〇〇円

大正十五年度　六、九〇〇〇円

怒り漁業者の数及船数

一、斎島怒り

（一）大漁の時は船数六〇艘内外各船に二人乗込む

（二）中漁の時は船数三四、五艘

（三）不漁の時は凡そ一四、五艘

二、二窓網代

（一）大漁の時は四〇艘位

（二）中漁の時は三〇艘内外

（三）不漁の時は七艘乃至一〇艘

三、馬乗漁場
（一）大漁の時凡そ三〇艘
（二）中漁の時一七、八艘
（三）不漁の時は五艘又は七艘
四、スズメ網代
（一）大漁の時二〇艘位
（二）中漁の時一二、三艘
（三）不漁の時は船の来らざることあり

次に漁具だが、釣糸は昔はヨマ（麻糸や絹糸に渋をひいたもの）を用いた。現代はナイロン糸である。

漁具は上道具と下道具から成り、その間にサルカン（撚り戻し）を入れる。

上道具はナイロン糸（一二号）を七〇〜一〇〇メートル用い、その下端にサルカンを結着する。サルカンの五〜一〇センチメートル上に、撚りがかからぬようビシ（鉛）をつけ、さらにその一〇センチメートル上から合計五三枚のビシを入れる。ビシの重量は合計で一五〇

〜一七〇グラム程度、糸の上端は手枠に巻く。

下道具はナイロン糸二二メートルを幹糸にし、その上端をサルカンに結着する。下端は三八〇グラム内外の鉛をおもりとして結着する。幹糸には六本のナイロンの枝糸をつけ、一番下のみ六メートルの長さ、他は二メートル余にする。

餌は下枝の針にのみ活餌（イカナゴ）をつけ、他の針にはハゴ（スズキ、サバなどのウロコをとった皮のみを薄くはぎ、これをガラス板にはりつけて乾燥させ、イカナゴの形に似せたもの）と称する擬餌をつける場合と、季節によって全部活餌をつける場合がある。

豊浜海域の「二窓」「雀」「斎」「馬乗」の四ヶ所の怒り網代が天然記念物指定になるについて、次のようないきさつがあった。

大正一五年（一九二六）五月、摂政宮殿下（昭和天皇）の広島への行啓にあたり、県は四月、県下博物学に関する調査をはじめた。調査委員の一人下村は、佐江崎能地（三原市幸崎）の浮きダイや大長村（大崎下島）の柑橘などの調査に派遣されたが、そこで大崎下島の御手洗町長・高橋伊吉より隣村豊浜村にて行なわれる世にも不思議な漁について聞かされるのである。

下村にとってはじめて聞くその漁法のことを、高橋は熱をこめて語った。

「これは天下の奇蹟です。ぜひこの漁を研究調査する必要があります」

県下博物学の調査委員の下村にとって、それはぜひ見ておきたいものである。直ちに豊浜村に向かった。村役場に行き用件を告げると、助役の下地は水産組合の児島とともに漁場に案内してくれることになり、下村は怒り網代を目にしたのである。

時はあたかも漁期の真最中であった。今まで見聞きしたことのない不思議な怒り漁の景観は、高橋伊吉の言がけっして大仰でないことを示していた。

「まさに天下の奇蹟……」

下村は、高橋と同じ言葉を自分も発していることに気づいた。興奮とともに怒り漁を描写した下村の報告書は、しかし県庁に持ち帰ってからは水産課に譲渡せねばならなかった。水産課において台覧に供せられることになったからである。下村の役目は終わった。

だが、下村の胸中にはあの漁場の光景が深くやきつき、あの奇蹟を世間に紹介し、永久に保存せねばならないとの思いが確固としてあった。その機会は意外に早く訪れた。まもなく彼は、史蹟名勝天然記念物調査委員に任命されたのである。

翌昭和二年（一九二七）の一二月、ようやく数日の暇を得て、豊浜村へと足を運んだ。そして豊浜村長と児島水産組合理事に協力を頼み、怒り漁の語源、起源、漁期、漁具、漁法、漁の光景、鳥と漁民との関係などを詳細に記した調査記録を完成させたのである。

なお、この怒り漁業はその以前、明治四五年（一九一二）に農商務省水産局編『日本水産捕採誌』の中に、「モガリ釣」として書かれてある。この漁では、活餌イカナゴにアビ鳥が食いつき苦悶すると、群れの鳥は怖れ飛散し、漁が不可能になるため工夫がこらされた、明治一六年（一八八三）に広島県蒲刈島の漁師が活餌の代わりに疑餌をつけたモガリ針を発明し、以後その問題が解消した、とある。下村の報告書「怒り網代」を見ると、この「モガリ釣」を参照し、その上に自身の見聞を書き加えたものと思われる。

昭和六年（一九三一）二月二〇日、怒り網代は文部省告示第四五号をもって、国指定天然記念物になった。

名　称　あび渡来群游海面
地　名　広島県豊田郡豊浜村
地　域　・大字斎島字葭ヶ鼻三百五十三番地ヨリ斎島北端イカリノ鼻ヲ経テ同字地獄

谷甲二百十四番地ニ至ル地先海面ニシテイカリノ鼻ヲ中心トスル半径九百メートルノ円内区域

・大字大浜字馬乗大崎下島南端馬乗ノ鼻ヲ中心トスル半径六百メートルノ円内海面

・同字雀西南端ヲ中心トスル半径五百メートルノ円内海面

・大字豊島字鴨瀬北端及二窓南端ヲ中心トスル半径夫々六百メートルノ円内海面

指定理由

毎年二月上旬ヨリ五月上旬ニワタリ多数ノあび「いかり」漁場ニ渡来群游シテいかなごヲ啄食ス。数十艘ノ漁舟ハあび群ヲ囲ミテ楕円陣ヲ作リ漕ギ廻リナガラ釣糸ヲ垂レあびニ逐ハレテ深ク沈下スル鯛鱸等ヲ漁ル。ソノ状アタカモ一幅ノ絵ノ如シ。コノ種ノ鳥附漕釣漁業ハ本県特有ノモノナリ。

同年三月一三日、広島県は社兵第三一一号をもって豊浜村に「あび渡来群游海面」の管理に関しての通牒をした。

管理団体
地元漁業組合
保存ノ要件
公益上必要已ムヲ得ザル場合ノ外あびノ捕獲ハ勿論ソノ他あびノ棲息ヲ脅カス恐レアル行為ハ之ヲ許可セザルコトヲ要ス

天然記念物指定はあび渡来群游海面であったが、鳥のほうはすでに明治四五年（一九一二）狩猟法により、水産上有益な鳥類として保護鳥に指定され、季節を問わず絶対に捕獲禁止とされている。

なお、後に判明したことだが、この報告書を書いた下村調査員とは、かの野鳥界の先達、若き日の下村兼史氏だったのである。

2．アビ鳥と信仰(1)
―七つのお社《やしろ》―

瀬戸内の海に冬の季節が来はじめていた。ひえびえとした空気をはらんだ風が、海の上から渡ってくる。

明け方まだ暗いうちから漁に出た漁民たちは、帰ってくると陽だまりで網の手入れに精を出す。

「鳥をまだ見んか」

彼らの会話はしきりにアビ鳥の上におよぶ。網を扱うぶこつな手に初冬の陽射しがさしている。

「鳥は来たかのう」

海岸沿いの道路を行き交う漁民たちの挨拶も、この言葉ではじまる。初夏に去っていった鳥を誰もが待っているのだ。

十二月、豊浜の海につるんとした頭のウミボウズが浮かんだ。それを見た漁民の日焼けした顔に、優しい笑みがのぼる。

「おう、戻ってきたか」

彼らは急に饒舌になり、祭りの話をはじめる。

「もと祭り」、神の鳥を迎える行事だ。アビ鳥の姿を見ると行なう祭りで、したがって日は定まっていない。かつてはそれぞれの網代に世話役がいて、祭り万端をとりしきっていた。祭りは豊漁祈願だ。そこの網代に建つ小さなお社に、漁民は手をあわせる。鳥がたくさん集まるよう、魚がたくさん獲れるよう祈るのだ。

アビ鳥が姿を見せたからといって、漁民はすぐに漁をはじめることはしない。毎日のように伝馬船を漕いで、アビ鳥の群れのなかに入って鳥をならす。共生者の鳥との間に、信頼に満ちた友好的な関係を築くのだ。

「イカリ鳥は、わしらを信じてこの海に来る」

漁民はそう思い、アビ鳥を大事に守る。それに応えて鳥も、船べり近くに浮かんで怖れない。

静かな場所を好むアビ鳥の環境を妨げる要因は多い。けたたましくエンジンを響かせて通るプレジャー船、大型の内航船、無理無体に入り込んでくる遊漁船など、騒々しい外部の刺激から鳥を守って、二月初めのアビ漁開始までのひと月のあいだ、漁民たちは収入にならない日々を過ごす。それはその後の五月初めまで続く漁で、そのひと月くらいの無収入は補って余りあるものがあったからである。

やがて待ちに待った漁がはじまる。二月いっぱいがアビ漁の最盛期だ。漁民たちは海上では大きな物音をたてぬよう、高い帆もたてぬよう、派手な色の衣服を着て鳥を怖れさせぬよう、気を使った。

「アビ鳥は、わしらの顔を覚えとる」

漁師たちにそう言わせるほど、アビ鳥は周りの環境に敏感で、漁師が翌日衣服を着替えただけでも首をかしげる。そのため、漁師はもう何年も同じ服装で船に乗る。

漁の間は、大声は許されない。静けさを好む鳥たちの機嫌をそこねぬよう、無言で鳥の周りをまわって魚を釣る。船の描く大円のなかには、幾百としれぬアビ鳥の群れが波間に浮き、また潜り、船べり近くに来て、クウ、クウと小さな声をたてながらイカナゴ追いに夢中だ。手をのばせばその背をなぜられるほどで、野生の鳥とは考えられない姿である。

人間の生計をたててくれる生きものに、崇拝の念が生じるのはごく普通のことで、それ

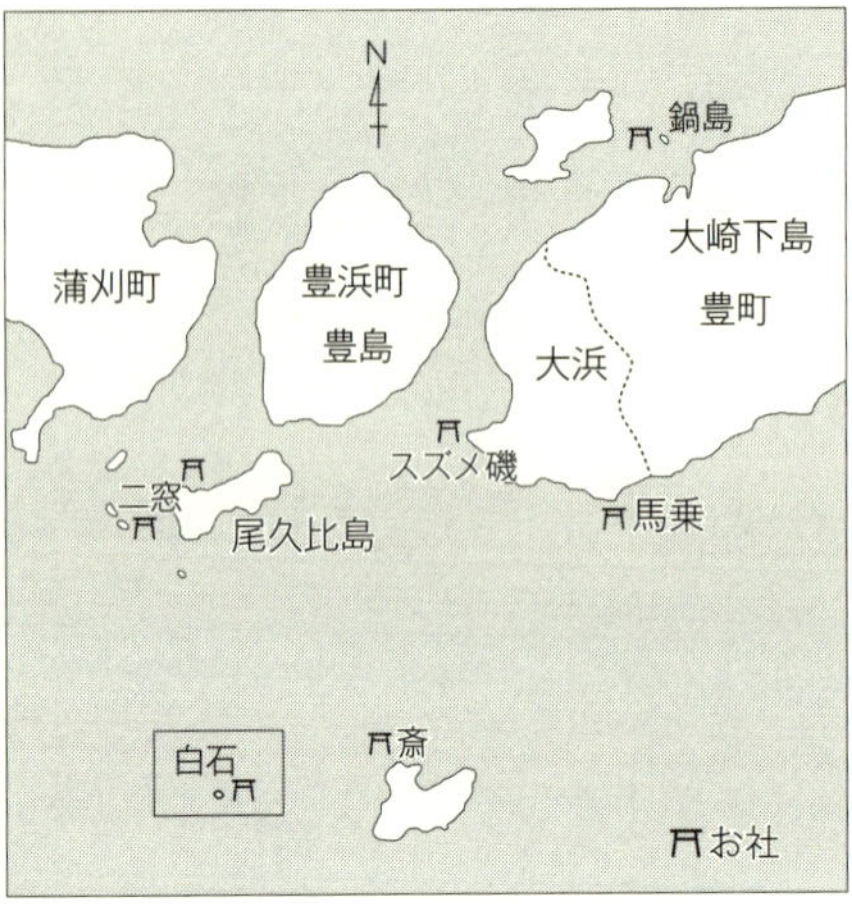

七つのお社要図

は自然を深く畏敬していた昔びとにおいては、なおさらである。遠く寛永、元禄の頃からアビ鳥に依存してきた豊浜の漁民は、いつ頃からか海上にお社を建て信仰の対象とし、代々守り継いできた。ただ、お社は漁業の神をまつったもので、アビ鳥をまつったものではない。

西藤さんによると、豊浜の海上の七ヶ所にお社がある。「雀」「馬乗」「二窓」「尾久比島《おくび》」「斎」「白石」「鍋島」で、いずれもアビ鳥が多く集まり、アビ網代とされた場所である。

「お社見たかったら、連れて行くけんね」

西藤さんの言葉に、大喜びで案内してもらうことにした。

雀のお社(上)
斎のお社(下)

豊島の港を出て、南に向かう。今日は少し波が荒い。船がゆれて水しぶきがかかり、口の中が塩辛くなる。

「弁当食うのに、おかずは要らんのよ」

と、西藤さんは笑った。

海中にぽつんと突き出す岩が見えてきた。その上にある小さな鳥居が、ひときわ愛らしく見える「雀」のお社である。

「雀っておもしろい名前ね、どうしてこんな名前がついたのかしら」

「今は無《の》うなったけど、昔はこの岩の上に大きな松の木があったんよ。その頃豊島は芋と麦ばかり作っとった。群がる雀を追い払うと、ここの松の木に鈴なりに止まったけんね」

それからこの岩のまわりは、雀磯の名がついた。

「馬乗」のお社は、大崎下島の南端の海岸にあり堤防に作られている。昔は馬を放牧していたところから、つけられた地名である。ひときわ荒々しい波が打ち寄せ、船ははげしく上下する。

「こんなに波の荒いところだから人が近づかず、アビ網代が守れたんよ」

西藤さんの言がうなずける。

船は西に向かい、豊島と尾久比島の間を抜けていく。尾久比島の西に浮かぶ岩に「二窓」のお社は建てられてある。一番均整のとれたお社で、よく写真になっている。

船が尾久比島に着いた。この島は低く平らな島であるが、無人島なので上陸地点がない。高い堤防に船を乗り上げるように着けて上陸する。ここのお社「尾久比明神」は、島の北側に面した山かげに作られてあった。岩の上に建つ他のお社は、台風の度に流されてしまうが、ここは辛うじて残り、したがって中のご神体が存在している。ご神体は細長い鉄板であった。そのほかに三枚の木板が入っており、それぞれこのお社を作った年月と世話人の名が書かれてあった。明治三三年三月一八日と大正十四年四月十九日と昭和五五年五月吉日。最後のは、西藤さんたちがコンクリート製にした時のものである。ここ尾久比の明神が太郎明神、二窓が次郎明神で旧暦六月一七日にイカリ祭り（アビ漁祭り）をする。アビ漁に携わる漁民だけが集まって行なう祭りなのだ。

尾久比島を去り南に下ると斎島があり、島の北西の海中にある小さな岩の上にお社がある。ここも波がひどく荒いので好漁場であり、最後までアビ漁が行なわれた網代である。しかし数年前、ここさえも滅びてしまって、目にすることは叶わぬのだ。

「鍋島にも行くかい」

斎島を離れながら、西藤さんが言った。

「ええ、もちろん、お願いします」

豊浜水道を北に向けて通り抜け、三角島に出て大崎下島の北側を走る。波は静まり、実に穏やかな海面になってくる。瀬戸内海は、所によって顔がこうも異なる。和やかな柔らかな陽光、風光明媚な瀬戸内とはこれをいうのだ。かなり走って小さな島、鍋島に着いた。海面から岩に一〇段あまりの階段が作られ、お社が建てられている。

「この鍋島いうのは大昔の網代で、わしらは全然知らんのよ。言い伝えでここらあたりを探したけん、どうしても場所が分からん、やむを得ず見当つけて、ここにお社建てさせてもろた」

鍋島に船を近づけながら、西藤さんは昭和五五年（一九八〇）にお社全部をコンクリート製にしたときの話をしてくれた。このあたりは今までのお社と違って、明るく穏やかな雰囲気に包まれている。近くを何艘もの小船が通る。釣ったばかりの見事なタイを売りさばく船もあり、人びとの生活の匂いが漂う。瀬戸内海の内と外では環境もだいぶ異なるものらしい。

私が写真を撮るのを見すまして、船を豊島のほうに向けた西藤さんに、

「最後の一つのお社はどこにありますの」

親切に六ヶ所の網代を案内してもらったのに、なおも図々しくくいさがって、私はぜひともそこに行こうとした。

「白石というところだが、今日は海がしけて行けん」

はて、残念なことである。

だが一ヶ月後、また豊島を訪れたとき、白石に連れていってもらうことができた。豊島の港を出て、南西に長い時間走る。白石は、斎島のはるか南西の海上に浮かぶ二つの小さな岩で、愛媛県北条市になる。これも古い網代だそうだ。

二つのうちの大きいほうの岩に、豊浜町のお社がある。小さいほうの岩には無く、コンクリートの土台だけがあった。

「ここには以前、愛媛のがあったんよ」

海上を見渡すと、愛媛県安居島が見え、その横にお椀を伏せたような小安居島がある。この安居島、さらに温泉郡中島町二神島、山口県情島、沖神室島、青島など、西のほうに続く瀬戸内一帯に、かつて壮大なアビ漁は栄えたのである。

3．アビ鳥と信仰(2)
―イカリ祭り―

海の向こうに、派手な大漁旗で身を飾った伝馬船があらわれた。何艘もの船はいっせいに、ここ斎のお社をめざしている。威勢のよいかけ声が海面を渡って響いてきた。漁民の姿が見える。みな赤いハチマキをしめ、生き生きと輝いた顔をして櫓を漕いでくる。

漁の最盛期を過ぎた三月のひと日、イカリ祭りが行なわれるのだ。その年の漁が豊漁なれば鳥への感謝の祭り、不漁なれば来年の豊漁祈願をこめての祭りになる。

漁船は、次つぎに波の荒い海面に突きだした小さな岩に着く。一艘の船には、島の氏神室原神社の神主が乗っている。数名がお社のある急斜面の岩にのぼると、もういっぱいだ。

米、酒、その朝一番に捕れた魚が供えられ、神主がおはらいをする。たくましい手を合わせたあと、漁民たちは供え酒をまわし飲みする。神事がすむと、あとは楽しい酒盛りになる。斎の浜にゴザが敷かれ、数々のご馳走が並べられる。きびしい漁に明け暮れる漁民たちの、和やかなひとときだ。

「アビ鳥はかわいいよ」

酒を飲みながら、ひとりがつぶやく。

「わしらの生活を守ってくれるけんね」

かたわらのひとりが、あいづちを打つ。

「わしも漁を二〇年やっているが、アビ鳥が人間を好きなのか、人間がアビ鳥を好きなのか、分からんね」

　鳥と人間とが見事に融合した姿。この姿こそが、アビ漁の世界なのだ。

　心地よい酔いがまわった頃、恒例の相撲がはじまる。斎島と豊島、東西の力士が次つぎに出ると、砂浜の上ではかけ声がおこり、土俵上の力士たちは砂まみれでがんば

お社での神事

る。しかし、これも遊びだけでなく、祭りの儀式なのだ。三役が出ると、勝ち負けは一年交替ときまっている。その年の勝者はいただいた御幣をかつぎ、誇らしげにあたりを一周する。斎島と豊島と、二つの島が仲良くやっていく昔からの知恵である。

しかし年々、飛来するアビ鳥の数は減り、タイが釣れる割合も少なくなってきた。スズキ、メバルはかかっても、タイはわずか一匹という日もある。それでも、漁民のアビ鳥への愛情は変わらない。

「以前はずいぶん、わしらを養のうてくれたけんね、アビ鳥は神様に近いのう。いつまでもアビ漁はするよ。アビ鳥が来なくなるか、こちらの命がへたるかだのう。それまでは海に出るよ」

人間が漁に出ないと、アビ鳥は寂しがる。そうすると、アビ鳥は来なくなる。そう信じる漁民は、今日も海へと出かけてゆく。

この風景は昭和六一年（一九八六）三月に、NHKテレビで放送した番組を描写したものである。これらは、今はもう目にすることはできない。鳥が来ない。タイが捕れない。「イカリ祭り」は行なわれず、鳥の姿を見たらすぐに行なっていた迎えの祭りの「もと祭り」もない。八月の尾久比太郎明神さんのお祭りだけは、辛うじて数人の漁民たちによって行なわれている。

（この章『アビ鳥と人の文化誌――失われた共生』より）

第五章　アビ鳥を襲う危機

1. ナホトカ号重油流出汚染
——海洋汚染（油汚染）——

海鳥の受難の一つに海洋汚染があり、多くの数が犠牲になる。油流出汚染事故はいま日常的に起こっている事象であり、日本周辺海域で年平均二〇〇件が確認されているそうである。数年前、その事故の大規模のものが日本海で起こった。

平成九年（一九九七）の新しい年を迎えたばかりの一月二日、ニュースが報じられた。島根県壱岐島の沖合一〇〇キロに、ロシア船籍タンカー ナホトカ号が悪天候の中、破損事故を起こした。最初は小さな扱いでさほどのものとは思わなかったのが、五日、六日になるにつれ大きな問題となってきた。大量の重油が流出し、海岸に漂着しそうだという。タンカーの船体は二つに折れ、本体部分は海底に沈んだ。船首部分はそのまま東に進み、一月七日には石川県加賀海岸、福井県三国町沖合に座礁した。C重油六二四〇キロリットル以上が流出、石川、福井、京都、兵庫、島根、鳥取、秋田、山形、新潟各県の海域を漂流し漂着した。

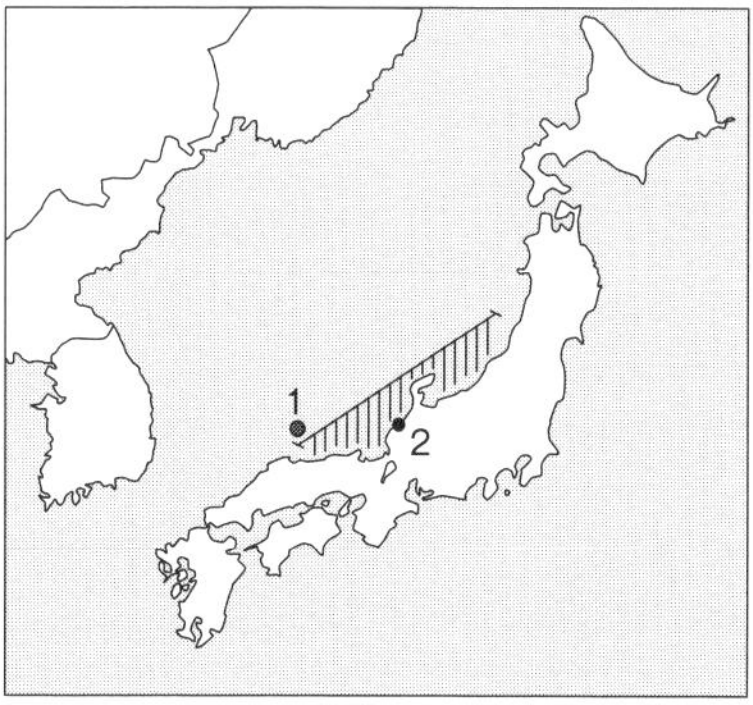

ナホトカ号重油流出事故
1．ナホトカ号沈没地点
2．船首部漂着地点
////　重油漂着の範囲

油除去はたいへん難航した。回収船や回収装置が使われたが悪天候、機材不足、油拡散などではかどらず、結局バケツ、ヒシャク、ヘラなどを使っての人手による地道な除去作業で行なわざるを得なかった。作業には全国から多数のボランティアが集まり、地元住民に協力した。福井県で延べ五万人、石川県で一〇万人の参加が記録されている。

ナホトカ号重油流出汚染事故は、日本では過去あった中での最大級規模の油汚染事故になり、地域住民及び漁業資源、海洋環境に多大な打撃を与えた。のちに補償金はナホトカ号が加入していた船主責任保険と日本が批准していた「国際油濁補償に関する一九九二年議定書」による補償金と合わせて、補償金上限の二三二億七九六七万円が確定したほどである（ただし実際にかかった費用はもっと多い）。

重油汚染はまた野生生物にも大きな害を及ぼす。海鳥はとくに被害が大きく、真っ黒な重油にまみれて多くが弱り、死んでいった。すでに一月五日、鳥取県で汚染されたカモメ数羽が観察されている。最初の一羽が保護されたのは一月九日、石川県加賀海岸であった。

この鳥たちを救うため、まず日本ウミスズメ類研究会（代表　小野宏治）が立ち上がった。ＰＳＧ（太平洋海鳥グループ）日本海鳥保護委員会を通じて大規模な事故を経験しているアメリカの専門家にアドバイスを受けるとともに、国内の鳥類保護に関わる団体に連絡をとりネットワークを作る呼びかけをした。これに日本野鳥の会、日本鳥類保護連盟、ＷＷＦジャパン、山階鳥類研究所が加わり、重油汚染海鳥被害委員会（Oiled Bird Information Committee 略称ＯＢＩＣ）が結成された。目的は被害状況の記録、被害規模の推定、被害の回復への方策を考えることである。

ＯＢＩＣは海外の油流出汚染事故専門家チームを招き、ともに車で漂着海岸線を走って事故状況を調査、死んだり弱ったりしている海鳥の回収をして数を把握するよう助言を得た。それを環境庁に勧告し、環境庁は各自治体に協力を求め、ＯＢＩＣは地域の自然保護団体や研究者によびかけた。

一月八日から三月三一日までの間に回収された鳥は一三一五羽で、収容時に生きていたものは四一八羽、死体で収容されたものは八九七羽であった。生体のうちリハビリ後放鳥されたものは約一〇〇羽である。種としては一一科三七種であり、ウミスズメ類、アビ類、カイツブリ類、ウ類、カモメ類などが多い。しかし海岸に漂着し回収された鳥たちは、わずかであるといってよい。はるか沖合で起こった今度の事故では、ほとんどの汚染鳥は海洋を漂い、あるいは海底に沈んだとみられるところから、実際の被害数はこの一〇倍と推測されている。まだ生きている鳥にたいして野生動物救護獣医師会協会（ＷＲＶ）による洗浄、リハビリ、そして放鳥への救護活動がはじまった（石川県、福井県）。

ＯＢＩＣは、後に研究者が分析を行なうに備えて全国で収拾された汚染鳥の死体を識別し、記録をとり、整理して一時保管する役割をも担った。Ｈ電機株式会社から大型の冷蔵庫が寄贈され、一月二八日東京港野鳥公園の一室に設置された。ここに全国から送られてくる死体を受け入れるのである。筆者もこの作業を手伝ったのだが、コールタールの泥団子としか見えない塊からくちばしがあらわれ、羽があらわれてくる無残なものであった。この落鳥登録作業は六月二四日をもって終了、受け入れ総数は六〇五体であった。これらは七月、岐阜大学、北海道海鳥センター、山階鳥類研究所などに発送された。

また、日本野鳥の会ウトナイ湖サンクチュアリにもリハビリ仮設小屋が設置され、放鳥にむけての作業が開始された。無償で空輸をひきうけてくれた全日空からの一四九羽を収容、うち八七羽を放鳥できた。二月二三日のクロガモ放鳥を最後に、リハビリ作業は終了した。海岸の調査を全面的に終えたのは、翌年の平成一〇年（一九九八）三月である。

このようにナホトカ号油流出汚染事故は、その海域にすむ海鳥たちには痛ましい犠牲を強いたものであった。ただ今後につながる大きな成果が生まれた。海外の専門家による技術指導により、油流出汚染による海鳥への影響の正確な評価方法と汚染海鳥の適切な救護方法を学んだことである。とくに鳥の正しい洗浄とすすぎの方法はひじょうに重要で、生死を左右するものになる。施設の不備、ネットワークの不備、熟練した救護技術者の不足などで立ち遅れた救護であったが、ＷＲＶは「今後はアメリカ並みの救護率を達成できる」と自信を持つにいたった。

わが国ではいままで、海鳥など野生生物への被害はほとんど重視されず、被害規模の推定などなされずにいた。被害推定が本格的に行なわれたのは今回がはじめてであり、環境庁、各自治体、民間ＮＧＯ関係者の努力と連携からできたのである。

（二〇〇一年一一月）

2. 産廃の島　上黒島・下黒島
―海洋汚染（化学物質汚染）―

平成一四年（二〇〇二）六月、広島県安芸郡蒲刈町で講演をした。その際、下蒲刈町に属する小島に上黒島、下黒島という無人島があり、そこを通りかかってその異様な姿に不審の念を抱き、訊いてみると産業廃棄物投棄の島だというので驚いた。背骨の曲がった魚が捕れるという。

そこは隣島の豊島との間の海で、一帯はアビが渡来する海域、「アビ飛来地の特別保護区」にあたる。蒲刈町で「アビ鳥の保護を願って」という講演をした私にとって、それは見過ごせない情報だった。

どういうことなのか。九月四日、広島県環境生活部産業廃棄物対策室に電話をした。「きちんと運営し、処理法を遵守している。定期的に行政検査し、分析されている」との答え。「検査結果の資料を見せてほしい」というと、「D社という会社が平成元年から処理場運営を

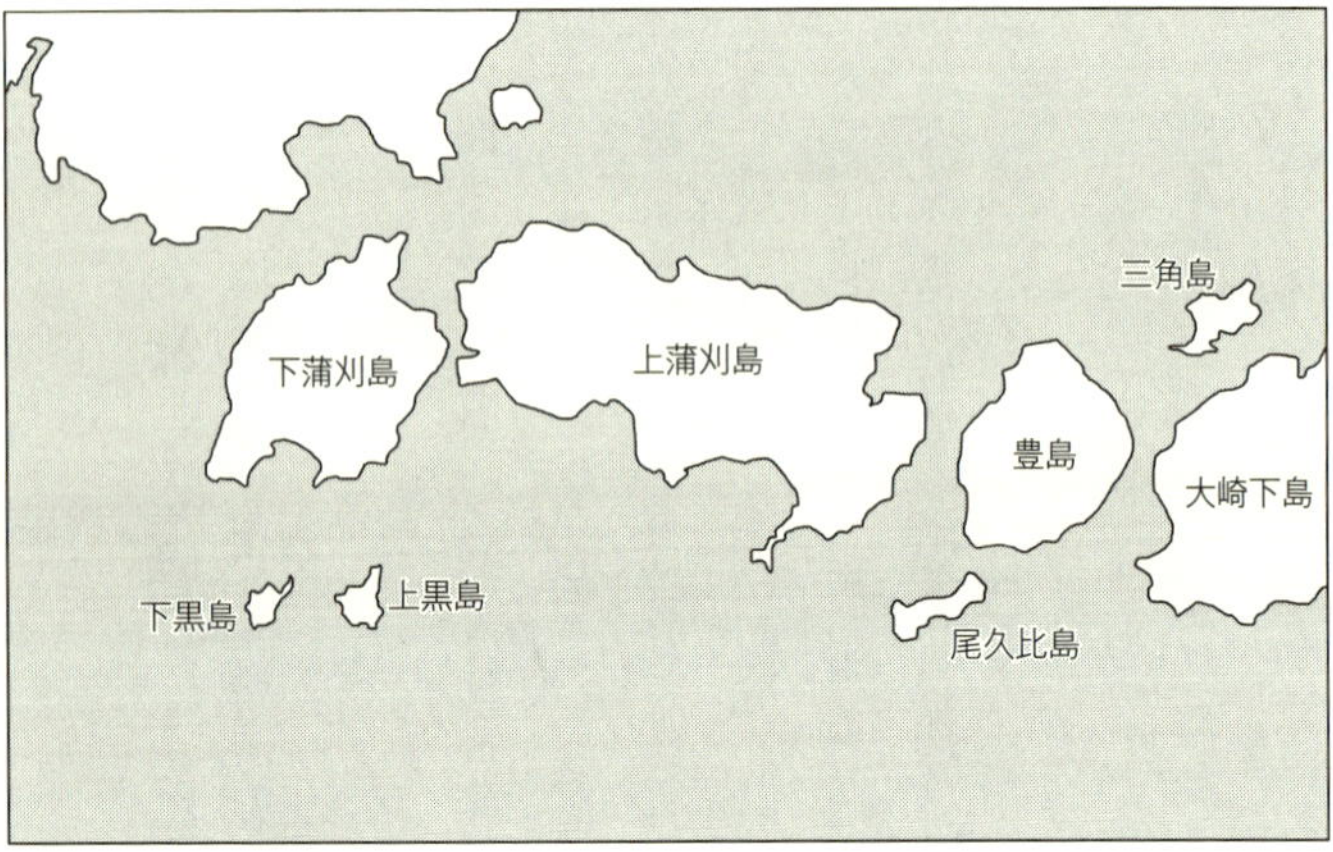

上黒島・下黒島要図

しているので、そちらに資料があり、閲覧できる」とのこと、自分のほうで見せるとは言わない。逃げている感じである。まもなくD社に関する書類が送られてきた。本社の住所は東京の日本橋になっている。

一一月二五日、D社に電話をかけた。こちらの名を名乗り、資料をみせてほしいと言ったとたん、相手は警戒心の塊となった。

「そんなもの公開していない」

「県から資料は閲覧できるからとお宅を紹介いただいたのですが」

「そんなもの誰にも見せられませんよ。あなたは誰だ、何をしようとしているのですか。東京の人間がなぜ広島のことに関心をもつのか」

「私は蒲刈町ととくに隣島の豊島にながらく関

わりあった者です。自然保護の観点から見ているだけです」

あげくのはてに「私は営業だから何も分からない。何の権限もない」「では係りのかたと代わって下さい」「今誰もいない」「それではその人にお伝え下さい」「相談して返事します」というやりとりとりになった。

翌二六日、向こうからかかってきた。呉市の事務所からであり、そこで仕事をしているのである。今度の人は冷静に応対しているようだった。

「昨日電話もらったけれど、どういう目的で見たいのですか」「アビという鳥がいますね」「ええ　いますね」「その鳥を蒲刈町で保護しようとしている。そのアビの泳ぐ海域が、地図で見ると黒島のほうまでかかっています。そこで県に問い合わせたら、処理法は県の基準に合格している。資料はD社という会社で閲覧できるのでそちらに連絡してもらいたい、ということだったのです。私は豊島で一〇年以上もアビ鳥のことに携わってきました。今年は蒲刈町で『アビ鳥の保護を願って』という講演もしました。それだけですよ」「こちらに申し込みをして申請が許可されれば見ることができます」「ではお願いします」

後日、取材申込書が送られてきたので、資料、文書の目的取材を書き蒲刈町講演の記事を同封のうえ送った。しかし今にいたるも何の音沙汰もない。

調べはじめると、そうとうに社会問題になっていた島であったことが分かった。『無人島が呼んでいる』（本木修次著、一九九九年刊）に「上黒島、下黒島——島はゴミ捨て場ではない」の項があった。その中に船で近くまで行って見聞した「巨大なゴミ箱」になった無残な島の様子が書かれてある。

島は、産業廃棄物と一般ゴミとを腹いっぱいにおしこまれている。そのゴミははるばる関東から来ているものだ。処理費用は地元での処分に比べて三～四倍高くつくのにである。

大都市圏の産業廃棄物が瀬戸内海に流入している問題は、香川県土庄町豊島を機にクローズアップされた。近年内陸部での産業廃棄物処理場の確保は、水源への影響などで住民の反対にあい、難しくなっている。そんなこともあって海への影響が分かりにくく、反対運動が起きにくい島への投与がなされるようになったのである。

下蒲刈町は平成六年（一九九四）、上黒島北部の町有地部分をD社に一億八〇〇〇万円で売却した。D社は東京に本社を、呉市に事業所を持つ産業廃棄物処理業者である。瀬戸内海の島嶼部を中心に約三〇ヶ所の最終処分場を手がけ、国有地以外の土地を次々に取得している。上黒島は第二次世界大戦中は旧海軍が使用していたが、戦後まもなく無人島になった。

しかし近隣の島への被害がでると、とうぜん住民とのトラブルが生じる。

国際環境保護団体グリーンピース・ジャパンは平成一二年（二〇〇〇）四月二四日と二七日に、上黒島処分場の排水口付近から採取したサンプルの鉛高濃度の分析結果を示した上で、広島県生活環境整備課と交渉をした。また二四日は、上黒島の桟橋においてキャンペーン船「虹の戦士」号で「瀬戸内海をゴミ捨て場にするな」という横断幕を掲げ、午後一時から七時まで六時間、直接抗議行動を行なった。そして県から次の約束を取り付けた。

（1）焼却灰の受け入れを近い将来やめる。

（2）ゴミ問題を定期会議の課題とする。（生活環境部）

（3）五〇年後を見越した施策の必要性を厚生省に伝える。

この運動は焼却灰を送る側からのNO！　があるのが特徴であり、メディアの関心が高かった。つまり送り手の神奈川、埼玉県で廃棄物問題について活動する市民団体（自分たちのゴミは自分たちの手で責任を持つべきだと考える）との合同で行なったのである。焼却灰は焼却以前の廃棄物より、ダイオキシンの含有や、重金属がより流出しやすい状態になるなど危険性が増すとされる。

平成一三年（二〇〇一）一月九日、県からの書面回答があった。
（1）県外からの焼却灰の受け入れは平成一二年（二〇〇〇年）末で全面的に中止。
（2）県外からの産業廃棄物の受け入れの量を五〇％にする。

しかし産業廃棄物の持ち込みはいぜん続いている。県も積極的な対策はとらない。県のOBがD社の役員になっているとの記述もある。上黒島に続いて、下黒島もD社は手をつけ、同じ運命をたどっている。さらに下蒲刈町北部へも土地買収を進めているとの噂もある。風光明媚をうたわれた瀬戸内がゴミ捨て場となり、水が汚染されていく。黒島の問題も幾多の事例の中の一つに過ぎないのだろう。悲しいことである。

その後の黒島の状況はわからない。行政が口を閉ざすからである。

（二〇〇一年六月）

第六章　伝承に彩られた鳥

1. シャーマニズムとアビ伝承

日本において漁民に大いに貢献するアビ鳥が、繁殖地の北極圏に帰ると、まったく別の役割を演じていたとは誰が想像したであろうか。そこでの彼らは、さまざまな魅力的な伝承の主人公の顔を持っていたのである。

伝承の一つに、天候予知者としての役割があった。アビ鳥が鳴き騒ぐと雨が降る、暴風雨になるという言い伝えは広く分布している。英名の俗名に、アビとオオハムに「レイングース」、ハシグロアビに「嵐呼び　Call up storm」の名があることからも分かる。

私はアメリカで作られたハシグロアビのビデオテープを三本もっているが、そのうちの二本には雨の場面が入っている。湖に雷鳴がとどろき、ハシグロアビの甲高い声と重なり合う。やがて大風が吹きはじめ、岸辺の樹々がはげしく揺れ動く。大粒の雨がたたきつけるように降ってくる、という具合だ。

また『黄昏』というアメリカ映画には、ハシグロアビがたびたび登場するが、そのなかに雨についてふれているところがあった。キャサリーン・ヘップバーン演じる老婦人が少年に向かって、

「一晩中、ハシグロアビが雨を呼んでたわ。雨、雨、雨、降れって」

というシーンだ。

いずれも、雨とアビ鳥との関係をふまえての演出である。

シェトランド諸島でも、レイングースと呼ばれるアビは天候がくずれる前に鳴き騒ぐと、今でも信じられている。

そこには次のような民謡がある。

レイングースが　山に去ったら　海はしけ
海に去ったら　陸は大雨　船を出して逃げろ

この言い伝えは真実を伝えているものなのだろうか。博物学者たちは徹底的にアビ類を研究したが、その結果、鳴き騒ぐすなわちコーリングするのは、主に求愛、交尾、攻撃行動を

とる場合であるという結論をだした。

アイルランドの著名なナチュラリストであり、民俗学者のエドワード・A・アームストロング博士も、レイングースの言い伝えに関心をもった。そして自身も繁殖地におもむき、三種類のアビ類の観察を試みた。得た結論は博物学者たちと同じであり、それを〈科学的な気象観測からきたものでなく、一つの伝説なのではないだろうか〉と考えたのである。

この疑問は、彼がシェトランド諸島を訪れたときに、ますます深まった。そこではアビが鳴き騒ぐときも、飛びまわるときも、同じように雨や嵐の前兆とみなしているが、シェトランドの北にあるフェロー諸島では、天気がよくなるときと悪くなるときでは、鳴き声を区別している。しかも天候予知者は、シェトランドではアビであるが、ノルウェーではオオハムやハシグロアビになっているからだ。こうなると、すべてのアビ類が、天候予知の能力をもつということになってしまう。

そしてまたアビ類は、死者との結びつきが深いことに、アームストロングは注目した。ノルウェーでは、アビ類の呼び声を水の精の声だと思い、誰かが溺死する予告と信じる。ところがフェロー諸島では、アビの鳴き声を頭上に聞くと、死者の魂につきそって天国への旅をしているところだ、と思うのである。

魔術は文明によって次つぎに力を失っていくが、偶然がともなう天気予報の領域だけは、最後まで残る傾向がある。死者とアビ類の結びつきを考えると、ひょっとしてこの鳥は、天気予報者というより大昔は魔術師ではなかったのだろうか、とアームストロングは考えた。

じっさいには予知しないにもかかわらず、アビ鳥の雨予知伝説は、イギリス、シェトランド、フェロー両諸島をはじめ、スカンディナヴィア、北米大陸にいたるまで、広く信じられている。

しかも北米トンプソン・インディアンの人びとは、ハシグロアビの鳴き声は雨予知ばかりでなく、鳴き声をまねると雨が降るとさえ信じていた。雨乞いをする人間が、降雨能力を持つとされる生きものの声をまねて魔術を行なうのは珍しいことではない。この人たちの世界では、アビ類は降雨師にまで昇格していた。

またサーミ人の間でも、オオハムが鳴くと雪になる、アビが鳴くと雨になる、アビやオオハムが魚網にかかると漁が少ない、などの言い伝えがある。

アームストロングは、一九五八年に『鳥の民俗伝承』を著わし、そのなかにユーラシア大陸から北米大陸にいたる地域に存在する「レイングース」をはじめ、多くのアビ伝承を書き記した。これからこの本と、アームストロング自身も参考にしたウノ・ハルヴァ著『シャマニズム』などをふまえて、数々のアビ伝承を語っていくことにする。

まず、アビ鳥は霊魂と大きな関わりをもっている。

死者の魂を運ぶシャーマンを案内して、水底にあると考えられた霊魂の世界への旅をする。シャーマンはしばしばアビ鳥を型どった飾りを身につけるが、それは動物の姿をした霊がシャーマンの体に入ると、その動物の性質を得るとされるからだ。中央シベリアのサモエドのシャーマンの写真を見ると、首からはアビのアクセサリーをぶらさげ、頭には熊の鼻面のまわりを切りとった環をかぶっている。これはアビ鳥の能力と熊の能力を身に備えようとするシャーマン装束なのである。水底の世界は、のちに天国という考え方に変わっていくが……。

死んだアビ鳥の骨に人工眼球がはめこまれていたという事実も、「霊魂の運び手」を意味したものではないだろうか。

アラスカのイピウタクの墓地で、古いイヌイットの骨が発見されたが、その頭蓋骨の眼窩には人工の眼球がはめこまれていた。そしてそれに、同じように、目をはめこまれたアビ鳥の頭蓋骨がそえられてあった。それは魂を封じこめるためとの説もあったが、眼球をはめこむといった細工は、死後ある程度の時間がたたなければできないはずで、それまで出ていかなかった魂をいまさら封じこめる必要があるだろうか。それよりもあの伝説のとおり、死者

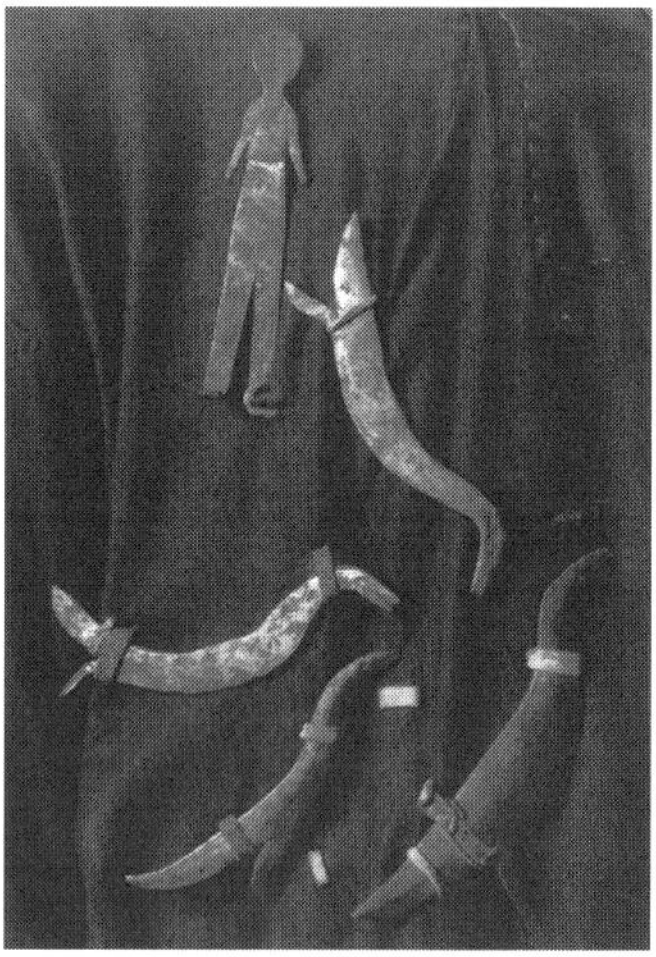

アビのアクセサリー
（フィンランド国立博物館所蔵）

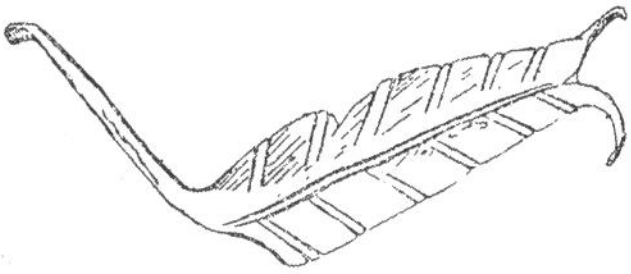

アビのアクセサリーのイラスト（ハンブルク民族学博物館所蔵。『シベリヤ諸民族のシャーマン教』1943より）

アビのアクセサリーをつけた衣服を着る人形
（フィンランド国立博物館所蔵）

を黄泉の国まで警護し案内するために、目が必要とされたと考えるほうが確かであろう。天をも海底をも棲家とし、人間のように悲嘆にくれた声を出すこの鳥以外に、もはやけっして戻ることのない地の果てに旅する死者を導くにふさわしい、どんな生きものがいるだろうか。

フェロー諸島の古老たちは、レイングースが頭上を鳴きながら飛んでいくのを見ると、「〈あの鳥は、肉体から離れていく人の魂につきそっていくんだよ〉と、親から聞かされたっけ」と、回想する。昔の人びとは、死んだ親しい人たちの最後の長旅に、アビがつきそうものと固く信じていた。

霊魂との関わりは運び手ばかりではない。鳥そのものが、霊魂のあらわれた姿とさえみなされた。

ブリヤート、ヤクートでは、アビ類、ハクチョウ、ワタリガラス、ワシなどがそのような鳥とされ、殺したり巣を壊したりすると祟りがあると信じられた。エヴェンキ（ツングース）人の間では、アビ類、ハクチョウ、ツル、カモメは聖なる鳥であって、その名を口にすることさえ憚かられている。ヨーロッパにおいても同じようなもので、ノルウェー人はアビ類を殺すことは、神の恐れを知らぬ行為と考えていた。

西北シベリアでは、アビは万能なものとして崇められている。エストニアの民俗学者で時の大統領のレンナルト・メリは、一九七六年、西北シベリアのウガナサーニ・サモエドのシャーマン儀式をフィルムに収めたが、そのなかで、シャーマンは次のように唱える。

私のアビよ　星に向かって飛べ
　――鳥の鳴き声――
太陽に向かって飛べ
星に向かって飛んだら　地上を見てごらん
地上を見て　また戻っておくれ
女のところに下りてきなさい
　――鳥の鳴き声――
鳥よ　いってごらん
災害をもちこんでくるのは誰か
誰を警戒したらよいのか　いっておくれ
誰が流行り病を運んでくるのか

私の子どもたちを　病気から解き放っておくれ
アビよ　すべてのアビよ
おまえたちは万能だから
ありとあらゆる災いを
私たちから取り除いておくれ
災害がこないよう　守っておくれ
そうしたらおまえたちが　魚に困らぬようにしよう

アビ鳥はイヌイットの間でも、たいへん尊敬されてきた。ある種族の間でアビ鳥の頭を切りとってお守りとして身につけるのは、勇敢な性格が授かるという信仰があるからだし、生まれたての赤児がアビ鳥の皮で拭われるのは、健康と長命が保証されるといわれるためだ。また、アビ鳥は目の治療師の役割をもっている。

盲目の男とハシジロアビの話は広く知られているが、これには実にさまざまなものがある。イヌイット・コパー族の物語では次のようになっている。

ハシジロアビが盲目の少年のところにやってきて、「目が見えるようにしてあげましょう」

と言った。少年はハシジロアビの後について湖にいき、そこでその鳥のように三度水に潜って視力をとり戻した（この話は日本においても『世界の民話シリーズ』〈すずさわ書店〉にて紹介されている。ただし、鳥はアビになっている）。この物語は東グリーンランド、ラブラドル、中部バフィン島のイヌイット、アラスカのいくつかのイヌイットの間から採集された。さらにアメリカの北西海岸の先住民族や内陸部に住むアタバッスカ系の諸民族の間からも、プレイリイ（草原地帯）に住む先住民族の間からも採集された。

また、シベリアの民話にも同じようなものがあるから、アビ神話はアメリカ大陸では北西部から発し、新大陸に広まっていったと思われる。

アビたちと人間との間の変身物語も多くある。

北米アハト族には、ハシグロアビとカラスになった男の物語が伝わっている。

ある日、二人の漁師がカヌーで海に出て言い争いになった。不漁だった男はもう一人の男の頭をなぐり、舌を切りとったうえ獲物を奪った。舌を切られた男は岸辺に逃げ帰ったが、もうハシグロアビのように叫ぶことしかできなかった。そこで神様は男をハシグロアビに、襲った男をカラスに変えた。湖で鳴くハシグロアビの物哀しい声を聞いた人びとは、〈あの哀れな漁師が、ひどい目にあった話を皆にけんめいに伝えようとしているのだな〉と思うのだ。

人間が鳥になった話とは逆に、鳥が人間に変身もする。

アルゴンキン・インディアンの間では、英雄クロスカップの家来になったハシグロアビの話が伝わっている。

おかしらと呼ばれていたクロスカップは、敵とみなす巨大なトカゲのウィンペを追跡している途中で、旋回している一群のハシグロアビに出会った。彼は群れのリーダーに訊ねた。

「おい、クウィムよ、おまえの望みは何だ」

リーダーは答えた。

「おかしらの家来、かつお友達になりとうございます」

そこでクロスカップはハシグロアビに、自分の助けが必要なときは呼ぶようにと、あの大きな叫び声をおしえてやった。このハシグロアビたちは、後日人間になっている。

ある日ウクタクムククのおかしらが
インディアンの村にいってみると
そこの村人はみな

あのハシグロアビたちだった
彼らは自分たちが鳥だったときに
祝福してくれたおかしらに会えて
とても喜んだ
クロスカップは彼らを狩猟民にしてやり
そして家来にした

古代人は人間と動物の間に明確な一線を引かず、お互いの変身をあたりまえとしていた。ついでに記すと、古代ローマにおいて詩人オウィディウス（前四三〜後一八）の『変身物語』に、人間がアビに変身する話が創られてある。

「潜水鳥《あび》」

トロイの滅亡を招いたプリアモス王と、二本の角をもつ河神グラニコスの娘との間に生まれたアイサコスは、河神ケプレンの娘へスペリエに恋焦がれていた。
ある日、へスペリエを見つけたアイサコスは追いかけていくが、草の陰にかくれていた蛇が逃げていく乙女の足を毒牙にかけた。乙女は息絶え、若者は狂ったように叫んだ。

「僕が君を追いかけたのがいけなかった。いっそ死んで君への償いとしよう」

そして切りたった絶壁にのぼって、海に身を投げた。

海の女神テテュスがこれを哀れみ、落ちてくる若者を受けとめその身体を羽毛で覆った。死にたいと願う若者は、肩に生えたばかりの翼で高く舞い上がると、再度海に向かって身を投げたが、羽毛が落下の勢いをよわめる。怒り狂ったアイサコスは海中深く潜ってゆき、死への道を探ってやまなかった。

焦がれる思いに身はやせ、脚はひょろ長くなり、頭も昔どおりに細長い。海を好んでいつも潜るところから、いまも潜水鳥と呼ばれている。『変身物語』

そしてアビ鳥は、天地創造の任務にもたずさわっている。この伝承には神と悪魔が出てくる点で、それまでとは異質のものが認められる。

大地の素材は深い原海の底から運ばれたという考えかたは、広くゆきわたっている。土運びの役目は、潜水の天才アビ鳥がもっともふさわしい。ユーラシア大陸のいずれの諸民族の間の伝承にも、大地を創る仕事を神から命じられるアビ鳥の姿が描かれてある。

ブリヤートでは、神はアビに原海の底から黒土と赤粘土をとってくるよう命じ、それを水上にまいて陸地を創った。

エニセイでは、アビ、オオハム、ハクチョウなどに混じって水上を飛んでいたドホという大シャーマンが、休息場所を求めてアビに土をとってくるよう頼んだ。アビは二度失敗し、三度目に成功した。ドホはそれで一つの島を創った。

北米大陸にも同様の伝説が多く存在する。

チッペワ族には洪水のあと、水底から泥を運ぼうとしたアビの物語がある。鳥は力つきて死ぬが、神はアビを再生させる。

チッペワ族の別の部族の物語では、まずビーバーやカワウソやマスクラットが失敗し、そのあとハシグロアビが足に泥をつけて運び、成功した。

オジブワ族の間では、反対にハシグロアビが失敗し、マスクラットがいったん死んだあと蘇生し、成功した話になる。

このように泥運びの伝説は、東フィンランドから北米あたりにまで知られており、アジア大陸からアメリカ大陸に伝播していったものと思われる。

ところで、土運びの水鳥（主としてアビ類）は、悪魔が姿を変えたものとされている説話がしばしばある。この水鳥は自分の陸地を創ろうと、くちばしに土の一部をかくして神をあざむく。

ヤクートでは、神の母がまずアビとカモを創り、土運びを命じた。カモは持ってきたが、アビは手ぶらで戻り、見つからなかったと答えた。神の母は、「ずるい鳥め、おまえには強い力と長いくちばしを与えてやったではないか。それなのに私をあざむき、海をかばっている。だからおまえは、聖なる大地に住むことはまかりならん。水中に潜って屑を食べて暮らすがよい」と怒った。そしてカモが持ってきた土から大地を創った。

東ヨーロッパでは、悪魔はアビやオオハムに姿を変え、海底から土運びをしている。

東フィンランドでも、悪魔はオオハムの姿になって土を運んだ。土の一部を口の中にかくしたが、膨らんできたのでやむなく吐き出したところ、石、岩、山ができた。

また、こんな説話も残っている。神があらゆる鳥を創り終えたとき、悪魔がやってきてこう言った。

「鳥はみな静かに飛ぶが、私は早く飛ぶ鳥を創ろう」

そこで神と悪魔の競争がはじまった。神はすぐにツバメを創った。悪魔はオオハムを創りかけていたが、ツバメが空中で曲芸をしたのを見て、思わず手の中のオオハムを放してしまった。不完全のオオハムが不恰好に飛ぶのを見て、神は「脚がない」と言った。そこで悪魔は、飛んでいく鳥に向かって脚を投げたので、オオハムの脚は後ろについているのだ。

このようにアビたちは、創世神話では悪魔との関わりを持った。ウラル系アルタイ系諸民族の原点である水鳥の潜水神話は、もともとはありふれた一羽の水鳥が神を助けて大地を創る話になっていた。ところがその古い民間伝承に、西アジアから入ってきたキリスト教的宗教（神と悪魔の対立）が編みこまれていったのではないだろうか、とハルヴァは推測している。

では、キリスト教世界でアビたちは、なぜ悪魔が姿を変えたものとされるのであろうか。大地の創造にかかわる水鳥はカモとアビ類の二種類で、それぞれが棲む地域によって善悪に運命づけられたという説話もある。すなわちカモはアビ類より南に棲むゆえ、高きものの成功するものと位置づけられ、むしろ神の側にたつ。それにたいして、最果て、不毛の地の北方に住むアビ類は、低きもの失敗するものとして悪魔が姿を変えたものとされたという。

ただ、私は、アビたちの姿や声、生態も影響しているのではないかと想像する。アビたちの整いすぎる容姿は、悪魔的な美しさといえないこともない。それに一種異様な叫び声、人間めいたうつくしくも背筋の凍るような声が、水に潜る習性とあいまって、悪魔の化身にするには適材だったのかと考える。創世神話では悪魔は水底深く棲み、漂う泡からあらわれるとされる。

アームストロングは、伝承の調査の旅を終えたところで、なぜアビがシェトランド諸島で天候予知者とされたかを考えて、一つの結論に達した。それはアビ類が、ユーラシア大陸においてシャーマニズムと深く結びついていたことによる。シャーマンは天気を左右できると信じられてきた。じっさい最近まで、イギリスの魔女は嵐を起こせるといわれていたのだ。文明に追われて、シャーマンはシェトランドから去ったが、その相棒のアビ類は「レイングース」として残ったのであろう。有史以前の北極圏文化がイギリスまで広がっていたことは、考古学的に立証されている。

数多いアビ伝承は、北極圏域全体に存在するものだ。北極圏内には、氷穴漁の旧石器時代の文化が広がっていたと考えられる。鳥と結びついたシャーマニズムの信仰は、おそらく氷穴漁文化の一部をなしていよう。このことはアルゴンキン人の間に、ハシジロアビの伝説が生じている事実によっても認められる、とアームストロングは述べる。

こうなると、アビ伝承は、旧石器時代に起源をもつ信仰の生き残りの可能性を持ってくる。ノルウェーのウエストフォードの岩壁には、古いヘラジカの線画の下に彫られた鳥の姿がある。その細長い胴と短めの首からみると、ハクチョウやガンなどではないし、かと言って、目立つ鳥がほかにいるのに、小さなカモを魔術の道具として選ぶとは思えない。もし自分が推察するようにそれがアビ類だとすれば、「アビ伝承は旧石器時代に起源を持つ信仰の生き残り」という考えかたは、いっそうの裏付けを持つ、とアームストロングは結ぶ。

2. 伝承の鳥に魅せられる人たち
―北米のハシグロアビ―

北米大陸にはハシグロアビに魅せられた、いや、とり憑かれたといったほうが正確かもしれぬ人びとがおおぜいいる。

キム・クレイン著『ハシグロアビの魔力』は、そういった人びとの姿や、また北米大陸先住民族の文化にこの鳥がいかに関わりあったかを、あまたの言い伝えなどをまじえて書いている。その本をたどりながら、アビたちの魅力に迫ってみよう。

湖沼地帯に夏、美しい黒白の姿を見せるハシグロアビは、それだけで目を奪うに十分であるが、人びとの心を深くとりこにしてしまうのは、あの声の魔力によってである。それは人間の声に似通っていて、深い森、静寂の湖にながながと響きわたる。高く物哀しくうつくしい、しかし気味悪いともいえるその声に出会うと、人びとはもう忘れられなくなってしまうのだ。そのわけを、あるアメリカ人は次のように語った。

「人間とアビ鳥は、大昔から深い関わりあいを持ちながら生きてきたからじゃないかな。いつだったか『火を求めて』という映画を見たことがあった。原始人類の夜明けを描いた映画ということだったが、ハシグロアビの声がふんだんに使われていたね。もし本当に、太古にアビたちの呼び声があったとするならば、いま多くの人びとがそれに惹きつけられ、〈なつかしいな〉と感じる気持ちは、不思議じゃないと思う。人は意識しないが、自分たちの先祖の感情や思想や経験を一瞬感じ、よみがえらせる能力を備えているのだから……」

ある女性は五〇年前に、たったひと夏ニューハンプシャーの小さな湖で過ごしたことが、ハシグロアビにのめりこむきっかけになっている。

「あのすてきな夜の呼び声のためなら、喜んで寄付するわ」

北米各地にあるアビ保護組織には、一万人近い人たちが寄付をしているが、みな彼女と同じ思いを口にする。

シカゴに住むジョー・アンデリックさんもその一人だ。少年時代に聞いた声が忘れられず、以来北の国へしげしげと足を運んだ。定年後は毎夏、ニューハンプシャーの湖で過ごし、ハシグロアビのカービングに精出す日々に、無上の楽しみを見出している。

「ハシグロアビにとり憑かれると、みな私と同じさ。しまいにはそこに住みつくことになる。

ハシグロアビと恋に落ちたら永遠だね」

ハシグロアビへの恋が、それが棲む場所への憧憬となり、人びとを北国へとかりたててしまう。

シカゴ郊外に住んでいたソルリーン夫妻も、とうとうニューハンプシャーのとある湖畔に居を移してしまった。夫はボランティアでアビ保護の仕事の監督をつとめる。家の真向かいに設置された人工巣でヒナが孵った朝、二人は大喜びでシャンパンをあけたのである。

アビ狂いを自認するウィスコンシンのジュリウス・ディンジャーさんは、自分の葬式のときは賛美歌の代わりに、あの妙なる呼び声でおくってもらいたいと望んでいる。

ミルウォーキーのグレイス・ジェームスさんにも「アビ狂いのグレイス」とあだ名がついている。毎夏、ウィスコンシンの小さな湖に行き、ハシグロアビを見守る日々を過ごすが、営巣中の島にうっかり漁師が近づこうものなら、拡声器で追い払われてしまう。

「離れて、離れて、そこに鳥がいるのよ」

その後、彼女はボートに乗って漁師にそのわけを説明に行くのだ。ある日、ヒナを抱えた鳥をタカが襲おうとした。動転した彼女は必死でタオルを打ち振り、ようやく追い払った。

このような人びとは、アメリカにはおおぜいいる。四月、五月の夜明け前、湖畔で寒さにふるえながら、渡ってくるアビたちの数を数える。自分の時間と金銭を提供して、アビ保護組織のために働いている。

アメリカ大陸には現在二〇のアビ保護組織が作られている。アメリカのメイン、ニューハンプシャー、ヴァーモント、マサチューセッツ、ニューヨーク、ワシントン、ミシガン、ウィスコンシン、モンタナ、ミネソタ、アラスカの各州、カナダのケベック、オンタリオ州などである。

北米先住民族の文化に目を向けてみると、アビ鳥はそれに深く関わりあっていることがわかる。オジブワ族にとっても大きな存在になっている。

ミルウォーキー大学で教鞭をとるオジブワ族のキーウィディノケーさんは、興味深い話を語ってくれた。

ミシガン州の小さな湖で育った彼女の子ども時代は、ハシグロアビの想い出にあふれているそうだ。子どもたちはカネクという神聖な薬草の花束を岸辺においた。すると、鳥たちはやってきてこの贈り物を受けとり、子どもたちと話を交わして遊んだ。

彼女はまた、次のような物語もしてくれた。

彼らの間には「mahug は勇者のこと、ハシグロアビのこと」という伝説がある。伝説の中のハシグロアビは、創造主の声が空にこだました時、黒い影となって生まれた最初の創造物で、原始の鳥、最古の鳥だ。のちに太陽がその影に光をあてて、体を鮮やかな白斑で飾ってやった。ハシグロアビはこれまた人類最初の男アニシナベに恋し、その男が泳いでいる最中、長い髪が丸太に巻きついて難儀しているときに助けてやった。

アメリカの詩人ヘンリー・W・ロングフェローは『ハイヤワサの歌』の詩のなかで、この伝説に基づいて謳い、英雄ハイヤワサをハシグロアビにことよせて讃えている。「ハイヤワサは強い心をもった、ハシグロアビの心をもった勇者である」と。

From the red deer's flesh Nokomis
Made a banqust to his honor,
All the Village came and feasted,
All the guests praised Hiawatha,
Called him Strong-Heart, Soan-ge-taha!
Called him Loon-Heart, Mahn-go-taysee!

このMahn-go-tayseeというオジブワ語は、「ハシグロアビの心をもった者」という意味で、人をほめる最高のほめ言葉とされる。

一七世紀に五大湖地方に移住してきたオジブワ族は、他の北米先住民族と同様に氏族制で、父系制の社会を形成していた。

オジブワ人作家ドロール・ベンブリッジは次のように書いている。彼の部族はハシグロアビ、ツル、クマ、テン、魚の五氏族から成り、セントローレンス河口の水から生まれたものである。

『オジブワ族の歴史』を書いたウィリアム・ウォーナーによると、ハシグロアビ家の長は知恵を有し、正直で勇敢な者として知られていた。

また、オジブワ族の音楽の研究者フランセス・デンスモアによると、戦いにつく前夜にハシグロアビの声を聞いたなら、それを勝利の前兆としたという。

しかし、人間とアビたちの間に深い交流があったことは、オジブワ人の口から聞いたり、ロングフェローの詩から学ぶまでもなく、五大湖地方の北方にあるカナダのシールド地帯の花崗岩壁の絵文字を見ればわかることだ。そこには赤い線画の素朴な絵文字があり、何百年何千年経っても消えずに残っている。それを誰が描いたのかを知る口承伝承は何もない。ただ、八〇〇〇年前に、この巨大な氷壁の縁に沿って住んでいた人びとがいたことは、文化人類学的にわかっている。

その後、五大湖地方には、いまから五〇〇〇年前に古銅文化人といわれた人びとが住んだことが、銅器や銅採掘場跡の発見によって知られる。また西暦一世紀頃までは北米先住民族が住み、墳墓と陶器とパイプを残した。近くは一七世紀にヨーロッパ人がはじめてやってきた。しかしこれらの人たちが、あの岩壁にアビ鳥を描いたとは思えない。ヘラジカやカヌーや神々、そしてアビ鳥を描いた岩壁は、それらがあの謎の原始人の生活に大きく関わっていたことを、沈黙のうちに雄弁に物語っている。

アビ鳥の伝説は、北米大陸全域にわたって数多く存在する。ツイムシャン・インディアンの間にある、目を治してもらった老人の話はつとに知られている。老人は嬉しさのあまり、首から貝のネックレスをはずしてハシグロアビの首に投げかけた。ネックレスはばらばらになり、鳥の背中に飛び散って白斑模様ができたのである。

また、ハシグロアビ女の話、創造主の目となり耳となって仕えたターラーというハシグロアビの話、この鳥のあの叫び声は死んだ戦士のこの世の生者に呼びかける声だ、との物語などがある。母親のいうことを聞かずに、悪霊のいる湖で泳いだためにハシグロアビにされてしまった少年の話もある。

だが、イヌイットほど、アビ伝承をもっている先住民族は他にいないだろう。イヌイットがハシグロアビを指して、もっともひんぱんに用いているトゥートリックという名は、数多くのイヌイット伝説の中に登場する。よこしまな魔女の母親によって、盲目にされてしまったスールックという少年にまつわるベーリング海峡イヌイットの物語も、その一つである。ある日、スールックは一羽のハシグロアビの声にひかれて池にやってきて、そこで目をみえるようにしてもらった。お礼に少年は、世々代々のイヌイットを代表して言った。

「親愛なる精霊のハシグロアビさん、あなたはずっと私たちの子どものそのまた子どもの守護霊になってください」

四種類のアビ鳥にたいして、三〇を超える名をつけていることは、イヌイットにとっていかにアビたちが大切であったかを物語っている。

しかし、異なった価値観を持つところもあった。ヌナミウト・イヌイットにとって、アビたちは実用的にいろいろな使い道がある存在だ。脂肪がとれるし、食料になるし、ハシグロアビのくちばしはヘッドバンドの飾りに使われるし、頭の皮は丈夫なので長靴や毛皮服を作るのに用いられた。一九一〇年にバーンハード・ハンチュという人がバフィン島を旅して、

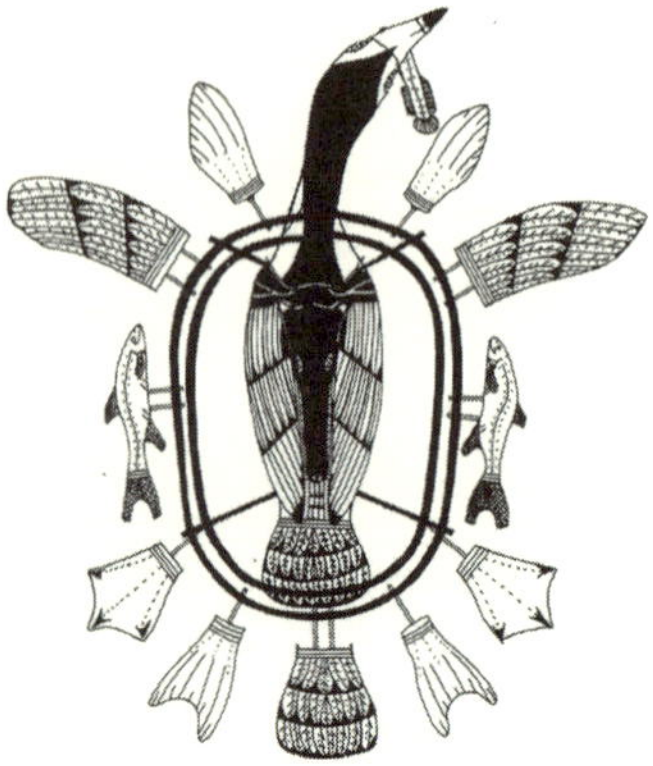

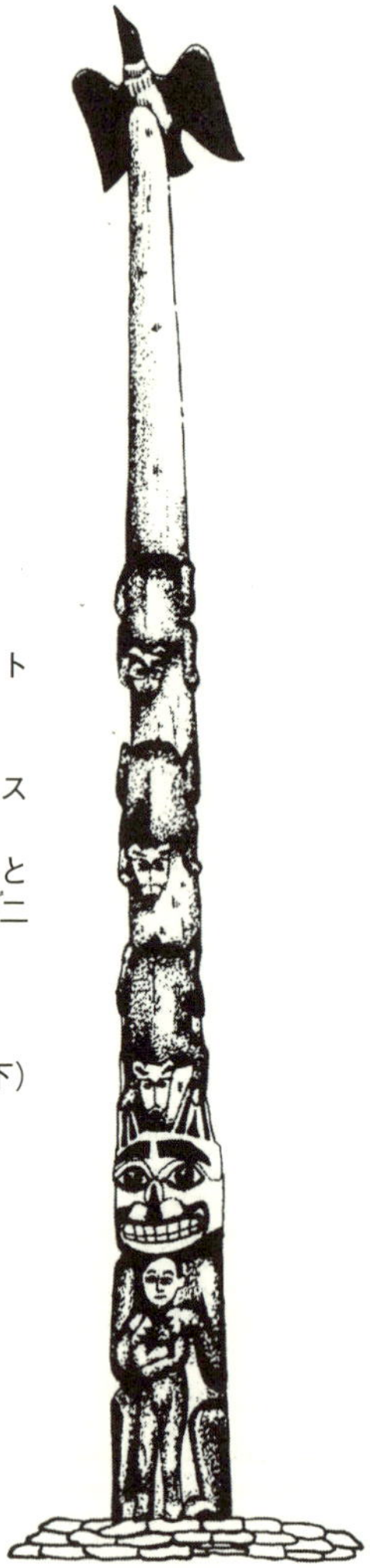

南東アラスカ出土のトーテムポールのイラスト（右）

イヌイットが大昔から使用していた儀礼用のマスクのイラスト（左上）
アビが魚を口にくわえているのは獲物が多いことを願ったものと思われる。中央に描かれている二本の輪は星と天を意味するものと思われる。
（ジュノー・アラスカ国立博物館所蔵）

イヌイットの用いた漁網の浮きのイラスト（左下）
（ジュノー・アラスカ国立博物館所蔵）

おびただしい数のハシグロアビとシロエリオオハム、それに若干のアビを見た。彼は日記に、イヌイットがこれらアビたちの巣を広範に荒らすので、鳥が激減している状況を詳述している。

だが、他のイヌイットにとっては、アビ鳥は神聖な存在だった。イヌイットの多くの民族がアビ鳥を崇めていることは、彼らの芸術を見てもわかる。たいていの博物館のイヌイットコレクションには、アビ鳥、とくにハシグロアビを型どったものが含まれている。ベーリング海峡イヌイットはアビ鳥の精巧な面を作り、魚網の浮きに使うデコイを彫りあげた。アラスカのポイント・ホープ付近で先史時代のイヌイットの村を発掘すると、アビ鳥の頭をセイウチの牙に彫りつけたものがいくつも出てきた。

北米大陸の東西にわたって、先住民たちの芸術や口承伝承のなかにアビ鳥が広範囲に登場するということは、この北の世界の鳥がいかに人を惹きつける魅力をたたえているかということ、また今なお、北方に住む人びとの心を捉えてはなさない魔力があることを、生き生きと物語るものである。

（この章『アビ鳥と人の文化誌——失われた共生』より。一部加筆）

第七章　外国の旅で出会ったアビたちの肖像

1. フィンランド

■光の中で子育てするアビ

アビへの恋に落ちた日。それはいつだったか。もう三〇年近くなると思う。

かつてフィンランドに住んだ関係で、時に何かが贈られてくることがある。野鳥カレンダーもそうで、フィンランド航空からのものだった。それをめくりながら眺めていて、その一枚の大きく横顔を見せて水に浮かぶ鳥に目が釘づけになった。そこには今まで目にしたことのない鳥が写されてあった。奇妙ともいえる鳥、しかしすこぶる美しい鳥であった。

〈こんな魅惑的な鳥がフィンランドにいる……〉

目が離せなかった。私にとって衝撃的ともいえる出会いであった。

やがて、その鳥は「アビ」という名前であり、日本でも冬に見られるということを知る。

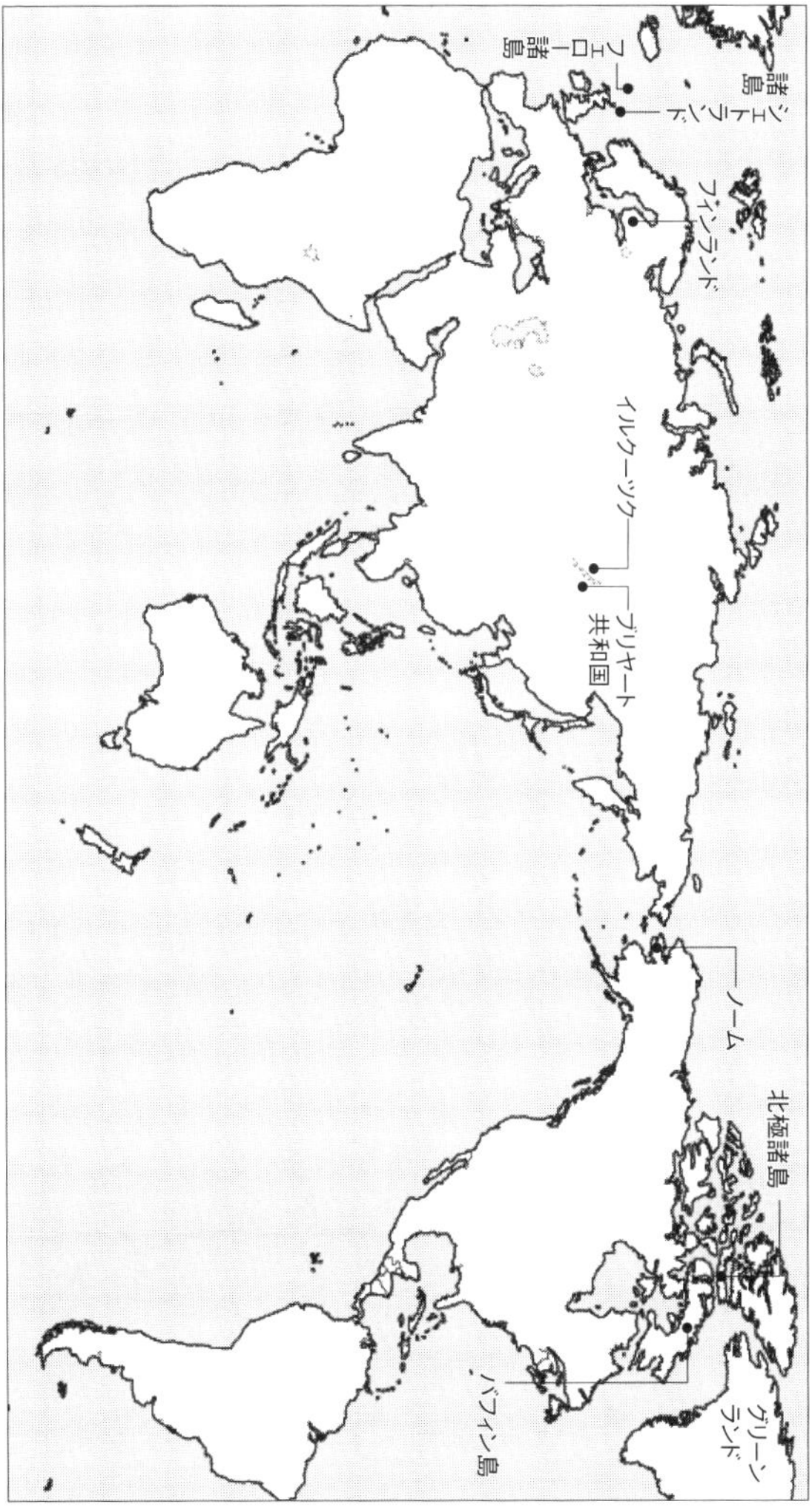
フェロー諸島
シェトランド諸島
フィンランド
イルクーツク
ブリヤート共和国
ノーム
北極諸島
グリーンランド
バフィン島

アビと出会った国々

ただ日本では、地味な冬羽になり、美しさにはほど遠い存在になる。

ほどなくして、フィンランドに再び住む機会を得た私は、夏羽のアビを見ることを熱望した。その望みが叶えられたのは、フィンランド中部のタンペレ市近郊においてである。

一九八八年六月のある日、知人のユハニ・コスキ氏の案内で行った小さな湖で、私はあこがれの鳥に会えた。

フィンランドの地方の森に入ると同じ景色が続く。同じように果てしなく連なる森を人々はどうやって判別するのかと思ってしまうが、やはり地図があるらしい。ユハニも地図を見ながら正確に連れていってくれた。

ずぶりずぶり、長い長靴でも危うくなるほどの沼地をやっとの思いで進んでいく。日本人はそのようなことには慣れていないので、かなりハードな鳥見になる。ようやく開けた場所に出て、その先にその湖があった。湖の奥の岸に、日頃図鑑で眺めている鳥の姿を目にしたとき、私は感激のあまり一瞬頭がぼーっとしたほどである。

アビ類は警戒心が強い。脅かさぬよう樹木や岩陰に身を潜め、すこしずつ近づいていった。水面一四~五メートル先の岸辺に座った鳥は逃げもせず、たっぷりと姿を見せている。

アビの右脇の白いかたまりがゆれた。

「あっ、ヒナがいる」

ユハニがつぶやいた。

ゴーッ！

急に頭上で、爆音のような大きな音があたりの静寂を破った。

見上げる間もなく、一羽のアビが湖に下りてきた。口に魚をくわえている。

「父親だ」

アビは営巣を池ほどの小さな湖で行い、餌を海や大きな湖にとりにいく。父鳥は周囲に警戒の目を注ぎつつ、母子のほうに近づいていった。母鳥の脇からヒナが少し体を出した。父鳥はヒナの真ん前に泳いでいった。

薄茶色のヒナが白いお腹でずり落ちるように水際に出てきた。魚を受け取るヒナを、母鳥は首を傾けて見ている。体を震わせて魚を飲みこむと、ヒナは大急ぎで母親のそばに這いあがった。

清楚な白い野の花が咲き乱れる森を背に、また母と子は身じろぎもせず岸辺の巣に座りつづける。森閑とした空気、果てしない森、湖の中ほどで給餌を終えた父鳥の余念のない羽づくろいが、あたりの静寂さを破る唯一の動である。

透明な北国の光がこの家族の上に降りそそぐ。たった一羽のヒナに、無事に育つように心から願いつつ、私たちはそこを離れた。

（一九九〇年三月）

■原始の湖で泳ぐオオハム

フィンランドでは野鳥と人との距離が近い。鳥はそれほど人を怖れず、身近に観察できる。日本では見られぬ種や美しい夏羽がすぐ目の前にあるということは、わくわくするものだった。

一九八八年から八九年まで、二度目のフィンランド滞在をした私は、夏には鳥見に多くの時間を割いた。住まいのまわりでは、ズアオアトリ、クロウタドリ、ウタツグミなどの妙なる唄がふんだんに聞こえてくる。近くの森に入れば、ナイチンゲールやキアオジ、コマドリ、種々のムシクイ類を目にできるし、地面にはマミジロノビタキ、ハシグロヒタキなどが飛び跳ねている。電線にはいつもアカマシコが止まって三音の特徴ある声で唄っていた。少し足をのばして水辺に行けば、キョクアジサシが舞い、ホンケワタガモが泳ぎ、アカアシシギ、ツルシギなどが色の濃い夏羽の姿を見せてくれる。鳥見に事欠くことはなかった。

だが、私が熱望するアビ類ではそうはいかなかった。人が滅多に足を踏み入れない奥深い湖に棲んでいる。加えて数が少なくなっているのである。

そんな中でオオハムの姿をしっかり見たのは、北部のボスニア湾に浮かぶハイルオトという大きな島を訪れた時であった。ハイルオト島は水鳥の宝庫、バーダー垂涎の的の地である。

「いろいろな鳥がみられます。ぜひ案内をしたい」

ユハニが誘ってくれた。

そこに多くいるエリマキシギのオスには、たいそう華やかな夏羽の飾り羽がある。いろいろな色彩のオスたちは大きな飾り羽を誇示し、メスをひきつけようと懸命にアピールして見ていて楽しい。ひときわ目に立つ美しいオスがいた。真っ赤なくちばし、顔と飾り羽は鮮やかなオレンジ色、胴体は黒と黄色のまだら模様である。そんなすばらしい鳥たちを見ながら、ずいぶんと島をまわった。しかしアビやオオハムに会うチャンスはなく、私はあきらめかけていた。

それを見せてくれたのは、一休みしようと立ち寄った家の主人、木こりのティモであった。お茶も終わりかけた頃、

「この奥の森にはアビやオオハムがいます。またお出でください」

と言ったのだ。顔を見合わせたユハニと私はすぐに立ち上がった。

「今から行こう」

一〇分後、ティモは私たちの車の助手席に乗っていた。

家の裏のほうに広がる森、その中に一本の道が奥へと続いている。木こりしか使わない道なのだろう、でこぼことひどい悪路だ。ユハニが運転に苦労しながらいつまでも続く道と格闘している。

ようやく湖が見えてきて車を下りた。森の中であるがひどい湿地で、樹々は水に浸かっている様相を呈している。長靴がずぶずぶとのめりこむ。湿地がそのうち湖になるといった具合で境目がないのである。

しかし、芦の向こうに泳ぐ二羽のオオハムの姿の美麗さは、言葉にはならないほどである。一筋の乱れもない完璧な夏の衣裳をまとって、ひっそりと静まる湖を音もなく泳いでいた。何度も向きをかえながら、二羽が並んで往復する。気が遠くなるような原始の雰囲気の中で、鳥の美しさが際立っていた。

「素晴らしかった！　ありがとう、ティモ、ユハニ」

私は二人のフィンランド人に心から感謝した。

アビやオオハム、このような苦労をしないとなかなか会えない極北の鳥なのである。

（一九九〇年三月）

2. バフィン島

——極限の地にアビを見る——

一面に雪の衣装をまとった山なみは果てしなく連なり、山裾から広がる海は凍って見渡す限りの白い大氷原となっている。

カナダ・バフィン島北端の地、北緯七三度のボンドインレッドは、夏至の今もこのようなたたずまいである。そこにはイヌイット九〇〇人が住む集落がある。

一九九七年六月二二日、私たち日本人六人と世話をしてくれるイヌイット四人、それにカナダ人ガイドの二人の総勢一二人は、これからソリでこの大氷原を走り、キャンプをし、海鳥を見る旅に出かけるのである。三台のソリに三日間の食料と人間を乗せて出発、ソリはスノーモービルが引っぱる。

バフィン島と、さらに北にあるバイロット島の間の氷原を東に向けて行く。無人島バイロット島周辺は北米最北の鳥類保護区に指定されている。

大氷原でのテント設営

ソリは気の遠くなるほど視界の広がる大氷原の上を、雪を蹴散らし溶けかかった氷をはねながら疾走していく。どこまで行っても雪と氷と岩の無機質の世界、地の果てだ。しかし、ふり仰げば空は青い。快晴、陽のまったく沈まない季節である。遠くをワタリガラスが飛んでいく。やがてソリが止まった。

「シロハヤブサの巣があるよ」

とイヌイットのシュティ。

バイロット島の断崖に母鳥が座って、こちらを見下ろしている。ヒナのグレーの頭が時どき現れては消える。ここでは毎年営巣するのだそうだ。ハクガンも数羽いた。ハクガンのコロニーもあるそうだが、氷が溶けすぎて行けないとのこと。

また出発。氷原にはところどころにクレパスがある。鋭く切りこまれた緑色の深淵をのぞくと、さすがに恐怖がよぎるが、イヌイットの人たちは上手に渡してくれる。

バフィン湾に出る頃になると、おもしろいことに氷原の北側半分はすっかり海になってしまう。この海域が海鳥のコロニーで、保護区である。おびただしいハシブトウミガラスの群れが、水際に浮かんでえんえんと続く。

空にはシロカモメ、ミツユビカモメ、フルマカモメが飛ぶ。雪の反射があるから日本で見るより白い。小ぶりのひときわ白いカモメが、青空を背景に頭上をかすめた。

「あっ　ゾウゲカモメ！」

日本では珍鳥中の珍鳥とされる鳥を見ることができた。北の果てに棲む透明なくらいに白い鳥は輝いて見える。見ている私もいま北の果てにいて、同じ時間を共有しているのだという感慨を味わう一瞬だ。

やがて今夜のキャンプ地に着いた。といっても真昼の明るさである。イヌイットの人たちが手際よく雪上にテントをはる。中には分厚い寝袋が敷きつめてあり、氷原上の眠りは予想に反してそれほど寒いものではなかった。

翌朝目覚めると、目の前の海上をハシブトウミガラス、ハジロウミバト、コオリガモの群れが次つぎと北のほうに飛んで行く。美しいケワタガモの群れも飛ぶ。何ともおびただしい海鳥の数に圧倒される。

「イッカクを見に行こう」

カナダ人のユージンの言葉に、一同ソリに乗った。三〇分走ると海面に大きな背中がうねるのが見えた。近い。六頭いる。体の紋模様はよく見えるが、あの長い牙はめったにあらわさない。すぐそばにはアザラシがいる。タテゴトアザラシは集団で泳ぐが、ワモンアザラシは一頭でいる。頭だけを出して人間をしげしげと観察している姿は愛敬がある。北の海ならではの出会いだ。

三晩目のキャンプ地はバイロット島だった。そして私はアビを見ることになる。

「アビがいるよ」

イヌイットのピーターが見つけてきてくれて、夕食後私たちはそこに行った。ちょっとした崖を登りきると、急に眼下がひらけて谷底が広がる。山の雪が溶けて滝をなし、それが川になっている。

「あそこに卵がある」

シュティがすぐに見つけて望遠鏡に入れてくれた。遠く、川の水際のくぼみに黒っぽい卵が見えた。イヌイットは視力も聴力もたいへんすぐれているそうだ。鳥のほうは川を泳いでいる。我々を認めて巣を離れたらしい。親鳥は川を往ったり来たり、一五分後とうとう飛び去ってしまった。

「巣のほうに行ってみよう。何の問題もない」

とシュティ。私は心配になって聞いた。

「お母さんは帰ってくるかしら」

「もちろんさ。ノープロブレム」

自信たっぷりにシュティは言い、さっさと崖をおりて行くので私たちも続いた。巣は水際から二〇センチのところにあった。雪の積もる地面に浅くくぼみをつけただけの巣、その中に黒褐色の卵が一つあった。大急ぎで写真を撮り、すぐに引きあげた。

翌朝、気になった私はピーターに頼んでもう一度そこに行ってみた。崖の上からそっとのぞくと、親鳥は巣の上に座っていた。この寒気きびしい中、雪と氷の世界で営巣するアビ。

「アビは極北の鳥というイメージが実感できますね」

と、Tさんが感想をもらした。

その日私たちは大氷原の旅を終え帰途についた。帰り着いたボンドインレットの岸辺には、

浅いくぼみをつけただけのアビの巣

キョクアジサシがヒラヒラと舞っていた。

ボンドインレットでもアビが見られた。何と飛行場の滑走路に沿った沼地で、二羽が営巣の場所を品定めしていた。警戒心の強いアビ類の中で、アビがいちばん人の近くに来るし道路脇でも営巣すると、外国の文献に記されてあることが実感できた見聞であった。

夕方、ピーターが家に招いてくれた。

一九六三年、新聞記者の本多勝一氏は、当時エスキモーと呼ばれていた彼らと生活を共にし、ルポルタージュ『カナダ・エスキモー』を書いた。エスキモーの生活は原始的で貧しいものだった。イグルーや雪洞式テント住宅に住み、アザラシの脂肪ランプで明かりをとり、おおぜいが折り重なって寝る。現代文明からみれば住まいは不潔で、悪臭に満ちたものだった。食べ物は撃ちとったカリブーやアザラシである。生肉を食べ、生血をすすり、体からつかみ出した腸をまるでうどんのようにずるずる食べる、生命力溢れる彼らの姿が描かれてある。

しかし今、ピーターの家はどうだろう。白い壁のリビングルームにはソファが置かれている。広いキッチン、大きな冷蔵庫、水洗トイレ、バス。衣類は清潔だ。イヌイットは定住し、生活はカナダ政府のマイノリティ保護政策に高度に依存して豊かだ。もはや毛皮を売るためにあくせくする必要もなく、狩猟は自分たちの伝統的な味覚を味わうために撃つ。

子どもたちはハイスクールに通う。だが、卒業しても何の職も得られない。食うに困らずとも、人生に希望が無いという悲劇が待っている。若者の自殺が多いと耳にした。

今イヌイットの人口は大きく増えている。政府は他の土地への移住を試みるが、彼らはストレスと病気ですぐに死んでしまうという。イヌイットの人びとにとって、現代文明とは何なのであろうか。

二七日、ボンドインレットの村は夏になった。私たちはヤッケを脱ぎ、ハマヒバリ、ユキホオジロ、ツメナガホオジロの遊ぶツンドラを歩いた。

午後、飛行場にはイヌイットの人たちが来て、私たちを見送ってくれた。

「ナコメ！」（ありがとう）

週に四回だけ飛ぶ飛行機で、私たちはワタリガラスの飛び交う島を去った。

（「極限の地バフィン島に鳥を見る」『ユリカモメ』誌　一九九七年一〇月号掲載に一部加筆）

3. シェトランド諸島
―アビのスネイク・セレモニー―

数あるアビ伝承の一つに「雨告げ鳥、アメドリ」の言い伝えが、シェトランド諸島にある。アビには鳴き騒ぐと雨が降るという言い伝えから、レイングースという別名がついている。

レイングースが　山に去ったら　海はしけ
海に去ったら　陸は大雨　船を出して逃げろ

二〇〇二年五月、シェトランドに行くことができた。仲間一〇人とイギリスのミンズメア自然保護区をまわり、その後シェトランドへと向かったのである。スコットランド東部の地アバディーンから空路、シェトランド南部の突端の町サンバラに着くと、そこの岬は高い崖になっており、ウミガラスやツノメドリ、フルマカモメなどが多数繁殖していた。ハシグロアビの幼鳥も一羽いた。野原にはミヤコドリがいたるところにいた。

「この言い伝えは、今でも広く言われています」

出迎えてくれたイギリス人ガイドは、まずその伝説を私たちに示した。

シェトランドの地方は見渡す限り草原で、なだらかなグリーンの丘陵が広がっている。樹木はなく、のっぺらぼうとした感じである。

「風が強いなー」

誰かが言った。よい天気なのに、島に強風が吹き渡っている。

シェトランドは一年中風の強い日が多いそうだ。海岸には防風林ならぬ防風石積みが連なっている。石積みのなかに馬や牛がいたが、みな小型で、餌のままならない極寒の地であったゆえと聞いた。羊が多く飼われていて、その毛で編まれる手編みのシェトランドセーターは軽く柔らかで、世界的にも知られる特産品である。

翌日からガイドのジョンが運転する車で、内陸部をまわる旅に出た。ここ島嶼部の交通手段はフェリーである。フェリーを乗り継いで次つぎに島に渡る。広いヒースの原野では、泥炭掘りにいそしむ人びとの姿があった。樹木のないこの地では、泥炭を燃料として用いている。

シェトランド諸島の州都ラーウィック

防風のための石積みがつづく地方の風景

「ほら　アビがいますよ」

ジョンが指さす沼に、二羽のアビが泳いでいた。

ここシェトランドにはアビがふんだんにいた。行く先々の沼や湖で見るアビ類は、すべて頸の赤いアビであり、頸の縞模様がはっきりと見えるほど近くにもいた。人家の隣にある沼で営巣しているペアもいた。

「ここではたやすく会えるのね」

私は、かつてのフィンランドでの体験を思い出してつぶやいた。

そして、ある沼で思いがけない光景に出会うことになる。五月二一日、北部の島フェトラー島の一つの大きな沼にたどり着いたとき、そこにはアビが次つぎに飛んできて鳴き騒ぎ、ディスプレイ行動を行っていた。テリトリーへの侵入者にたいしてアビは特別の行動をとる。まず二羽で頭を水につけたと思うと頸を斜めに立て、くちばしを上に向けた態勢で相手と並び、すーっと水面を滑るように泳いでいく。と、くるりと向きを変え、また同じように泳ぐ。まさに整然とした儀式に見える。これは「スネイク・セレモニー」と呼ばれ、優雅なダンスのように目に映る。だがその後、体を急角度に立てくちばしも上に突き出す「プレシオサウルス競争」と名づけられる立ち泳ぎをし、何度か行ったり来たりをくりかえす。そして、や

スネイク・
セレモニー
（谷利明氏撮影）

がては翼でたたきあい、ついにはくちばしで激しくたたきあって格闘をする。

これはアビ類の中でも、アビだけに見られる独特のテリトリー争いの行動である。外国の鳥類事典に「スネイク・セレモニー」とか「スネイク・ダンス」として絵の解説付きで記載されているもので、それを観察できたことは実に幸運であった。アビのコーリングはミューミューと猫の声に似ていた。

私たちは六羽もいたアビが、最後に一羽になるまで追い出されていく様子を見ていた。そしてそのとき大雨が降っており、皆で傘をさして観察していたのである。となると、やはりアビはレイングースか。雨とは関係ないという説もあるが、鳴き騒いでいたのは確かに大雨の沼であったのだから。しかしこれは偶然かもしれない。北の果ての地では雨は多いのかもしれない。またそれは攻撃行動にあたり、博物学者たちの観察結論の通りなのかもしれない。しかし雨とは関係ないのに、このように世界的に広く「レイングース」の名が広まることがあるのだろうかという疑問がどうしても残るのである。伝承の類は単なるおとぎ話だけでなく、そのなかに真実があることはよく耳にする。

ともあれ、あのわくわくした気持ちで、前書に書き記していた伝承レイングースの地元に来たということで、私は感激でいっぱいだった。

翌日、私たちは最北の町ハーマネス国立自然保護区で山を登った。そこで抱卵しているオオトウゾクカモメに頭を襲われそうになったりしながら、その向こうの海岸にあるシロカツオドリの繁殖地を観察しに行った。

その後サンバラに戻り、シェトランドの旅は終わりを告げた。

（二〇〇二年七月）

4. ノーム
―ツンドラに営巣するシロエリオオハム―

二〇〇一年六月に鳥仲間と訪れたアラスカ州ノームは、ベーリング海に面し、一日のうちに雪だったり、陽が差したり、雨になったりとめまぐるしく天候が変わる。そして荒波の海から常に強風が吹きつける極北の地であった。今は寂れた町という風情だが、一九世紀末に金が発見され、ゴールドラッシュで賑わった町でもあった。当時金採取に使われた機械が放置されていて、今も見られる。

ノームにはシェトランド諸島と同様、アビが多くいた。そこでは何と、我々が泊まったホテルの近くの沼で泳いでいて、毎日見に行った。また空にはしじゅう飛ぶ姿が目撃されるなど、アビは身近にふんだんにいて堪能できた。

目が覚めるようだったのは、車でずっと奥に入った大河の河口で営巣していたシロエリオオハムであった。清浄な空気の中に棲む鳥は、透き通るような純白の羽と漆黒の羽のたとえようもないほど美しい姿をしていた。樹木のまったくない果てしなく広がるツンドラ地帯に大河が流れていた。目に入るのはただ、茶褐色の無機質の景色のみ。真に原始の世界、そこに一つだけ生きものがいて、黙念と座りつづける姿は感動的であった。

（二〇〇一年八月）

5. ブリヤート共和国とイルクーツク
―北極圏域の文化との関わり　シャーマニズム―

美麗な北方のアビ鳥は、何と魅惑的な伝承に彩られた鳥であったろうか。それらの物語は読む者の心を捉え、ときめかし、憧れさせずにはおかないのである。

「レイングース」の名を持つ雨告げ鳥、海底へ霊魂を運ぶ鳥、死者の天国への旅に付き添う鳥、目の治療師、天地創造に携わった鳥、アビ鳥は他にもいろいろな伝承があり、原始宗教のシャーマニズムに深く関わった鳥になっていた（第六章「1. シャーマニズムとアビ伝承」に記述）。

一九九三年に訪れたロシア連邦のブリヤート共和国では、人びとの生活のいたるところにシャーマニズムの儀式が行なわれていた。ブリヤートには一七世紀に仏教が入り、それまでの土着信仰は排斥の憂き目にあい、多くのシャーマンが殺されたりした。大部分が仏教信者

シャーマンの祭場を囲む鳥竿

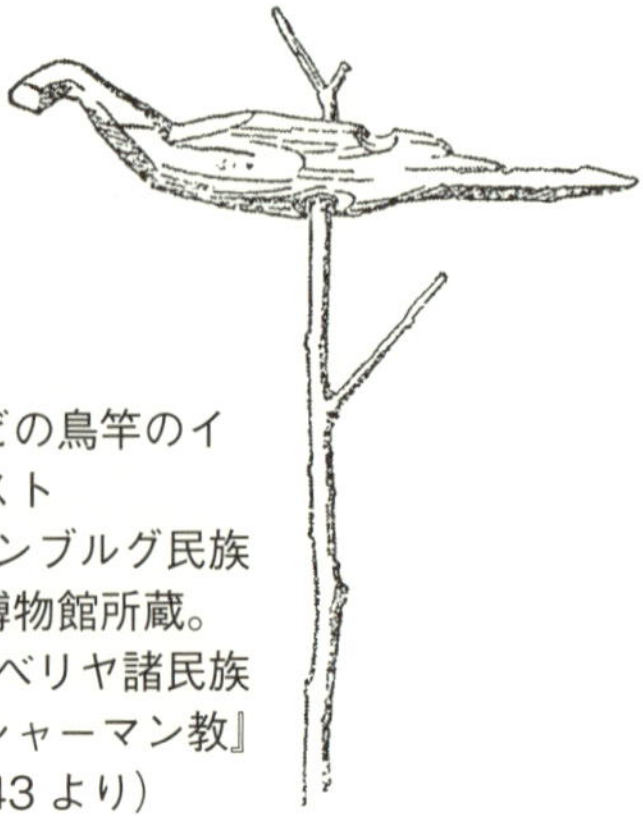

アビの鳥竿のイラスト（ハンブルグ民族学博物館所蔵。『シベリヤ諸民族のシャーマン教』1943より）

になったものの、生活の中にかつての風習は残って存在している。

ブリヤート人はさまざまな自然現象、万物に霊的存在を信じ、山を旅するときは必ず山の霊に祈り供物を捧げる。正式な食卓では叙事詩をながながと唱えたあと乾杯し、その酒を少量、卓にこぼして霊に捧げる。食事の間中、彼らはしじゅう乾杯しあうが、その度に酒が卓にこぼされていた。

民族学博物館は野外博物館になっており、シャーマンが儀礼を行なうとされる祭場が再現されてあった。祭場の周りを、神聖な鳥とされる木刻の鳥を長い棒の先につけた鳥竿とよばれるものが数十本、取り囲んでいた。だが、その中にアビの鳥のついた鳥竿はみあたらなかった。かつてはアビ類も霊魂の鳥とされていたブリヤートだったが、今はその言い伝えは消えうせたらしい。

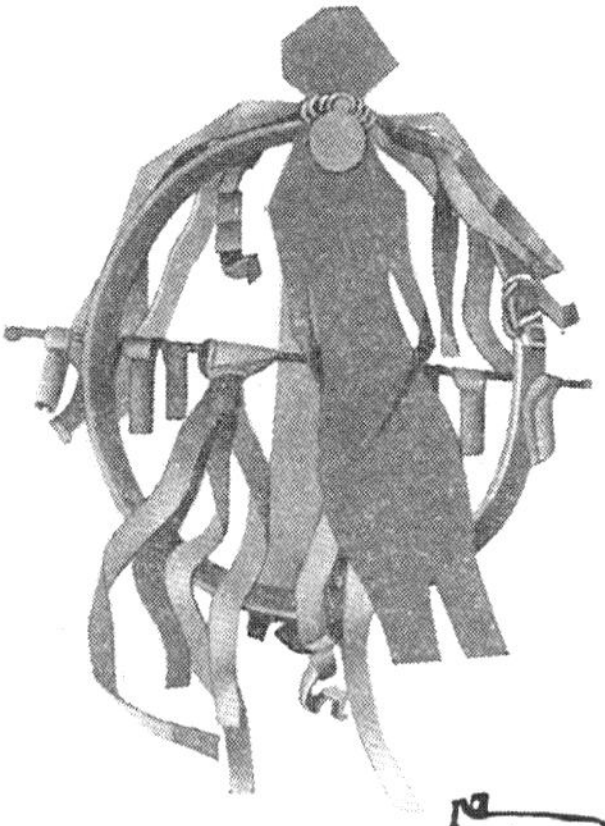

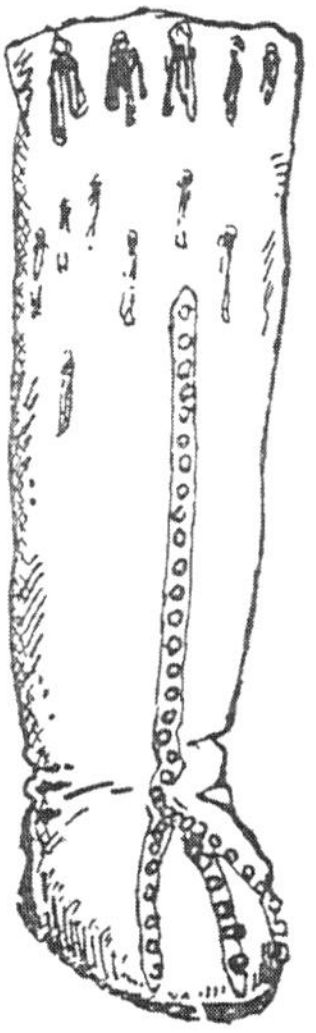

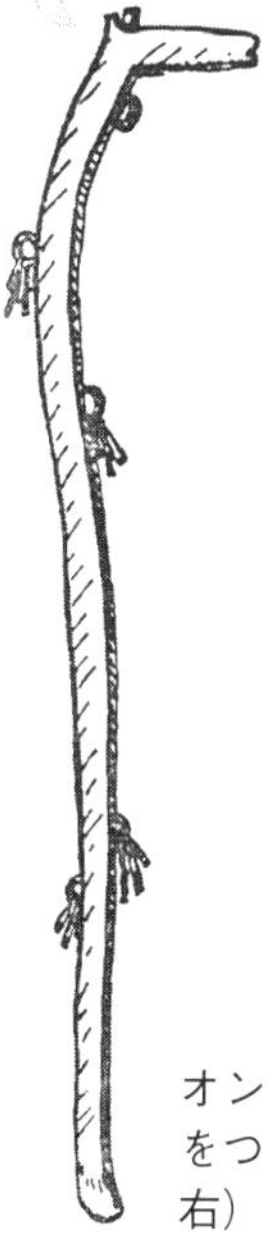

オンゴン（上）と鳥の足の形をつけた長靴（下左）、馬杖（下右）（『シャマニズム』より）

イルクーツク郷土博物館は、少数民族の衣装、生活用具、シャーマニズム関係のコレクションが充実している。シャーマンの装束、用具などが陳列され、かつて栄えたシャーマニズムをうかがい知ることができる場所である。

だが、私たちツアーグループが博物館に到着したとき、閉館時刻の六時を過ぎていてその部屋に入れなかった。しかし売店は開いており、私は土産用のシャーマンの使う馬杖とブリキ板で作ったオンゴンを買い求めた。馬杖の上部は馬の顔、下方はひずめが模してある。天を翔ける馬はシャーマンが天への旅路をするときの手助けをする。オンゴンは死者の霊が宿るという像である。フェルト、木、ブリキ板、羊皮などで人形を作り、崇拝の対象とする。これもシャーマンがよく身につける。

ところで私は、博物館の陳列室に入るチャンスを得たのである。室の扉はわずかにあいており、皆が買い物に夢中になっている間、中に身を滑りこませることができた。

ライトが消された薄暗い部屋で、奥のほうに裾の長い特徴あるシャーマン衣裳が数体並んでいるのを認めたとき、体に電流が走った。ガラスケースの中には、他にシャーマンの使う太鼓やバチ、鳥の羽のついた帽子、鉄製のかぶりもの、種々のアクセサリーなどが、おぼろげに並んでいた。よく見えない中、夢心地で写真を撮った。

シャーマンの衣裳（左）。前部に10羽のアビのアップリケ、背中には鳥の翼を模したものがついている。その衣裳を模したシャーマン人形（右）

日本に戻りフィルムを現像したとき、私の目はシャーマンの一枚の衣服に釘づけになった。その衣服は斜めに置かれたものだったが、前部には一〇羽の水鳥の姿があった。アップリケらしい。頸の長い黒っぽい大型の鳥でガンのようにも見えるが、アビ鳥の可能性がある。

この水鳥のついたシャーマン衣裳については、後日物語がある。私はその水鳥が何なのか、つまりアビの類かどうなのかを確かめたいという思いにかられた。

イルクーツクに商用で行かれる山科正年さんという方がいらっしゃる。私はあつかましくも、装束の正面からの写真撮影をお願いした。そして撮ってきてくださった写真の水鳥はまさしくシャーマンの用いるアビであった。しかも山科さんは私の意を察して、この装束を模したシャーマン人形をもお土産にくださったのである。

（一九九四年四月）

6. グリーンランド
――アビ鳥が装飾品にされる――

北極圏域におけるアビたちの扱いは二通りがあった。地域によるものである。一つは神に等しい扱いをうけていたことだ。ある部族（サモエド、ヤクートなど）の間の言い伝えでは、アビ鳥は水底にある黄泉の国へ霊魂を運ぶシャーマンを案内する役目を担っている。それどころか霊魂が現れた姿であるとまでみなされ、見ても指差してはいけない、その名を口にしてもいけない、と神聖視された。予言者、呪医、司祭などの役をつとめるシャーマンは、潜水に長けたアビの能力を身につけようと衣裳にアビをかたどったアクセサリーやアップリケをつけ、葬礼の儀式を行なった。

しかし別の部族の間では、アビ鳥は実用的に使い道のある存在であった。丈夫な皮がとれる、脂肪がとれる、食料になる、美しい装飾品に加工できるなどなど。一九一〇年にカナダ・バフィン島でおびただしい数のアビ鳥を見た旅行者が、これらの巣をイヌイットが広範に荒らし、鳥が激減していると書き記している。またグリーンランドの先住民族の間では、カーペットなどを作るために狩猟の対象になっていたとある。グリーンランドには遠い昔、カナダから人びとが移住してきた。同じ文化が根付いているのだろう。アビ鳥は、北方先住民族間でもシベリアでは鳥霊信仰の対象となり、西の地域では殺される文化であったかと推察される。

二〇一〇年三月、私はグリーンランドを訪れた。この極北の国、世界最大の島はわずか人口五万七〇〇〇人、九〇%がイヌイット（こちらではカラーリットと呼ばれる）で残りがデンマーク人などである。

しかし人びとの意識は高く、どこの町にも小さいが博物館が設置されてある。多くのセピア色の写真が飾られ、生活道具が置かれ、漁業と狩猟で生きてきた先住民の生活をうかがい知ることができる。

イルリサットのクヌッド・ラムセン博物館を見て回っていたとき、不思議な模様の壁掛けが目に入った。よく見ると、それはアビたちの皮で作られてあった。真ん中に大きくハシグロアビの背中、両側にアビの赤い頸模様が八個並べてあって、それほど大きくもない一枚の

アビの頸を飾りに使った袋物
（フィンランド国立博物館所蔵）

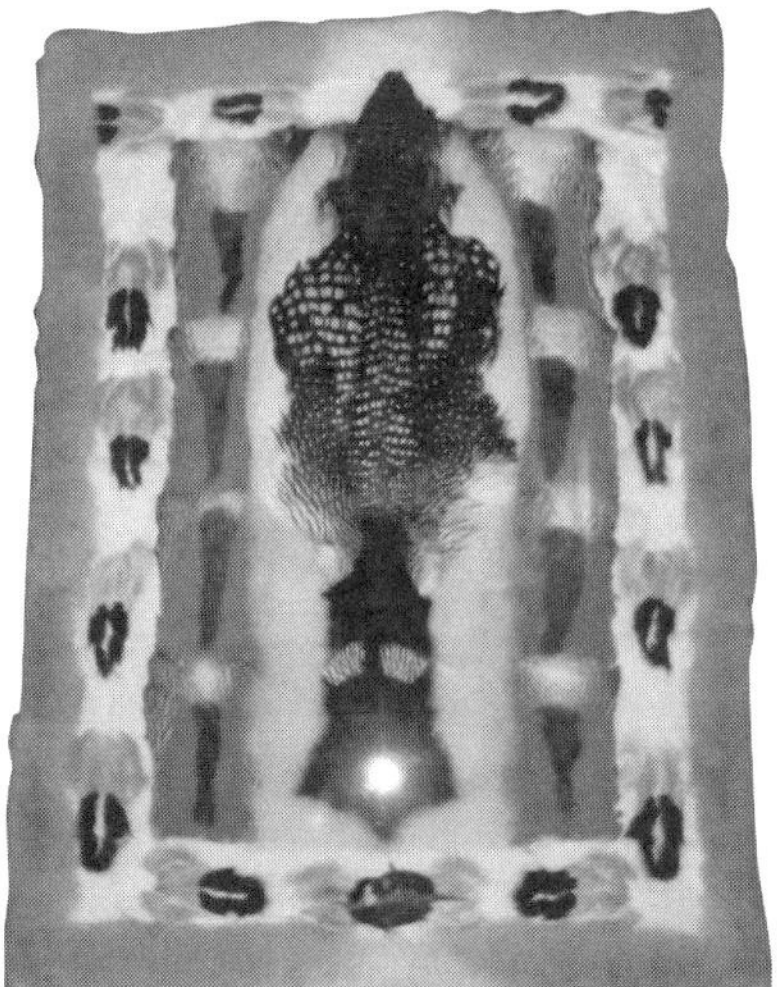

アビの壁掛け（クヌッド・
ラムセン博物館所蔵）

壁掛けに九羽ものアビたちが使われていた。

かつてフィンランドの国立博物館でも、展示品にアビ鳥の細工物をみつけた。ここではアビの頸模様を飾りに使った袋物と、オオハムの長い頸を何かの鞘にしたものではないかと思われる二つが展示されてあった。美しい色彩や模様を持つ夏羽のアビ鳥は、このように北方先住民族のある種族の間では装飾に利用されたのである。

グリーンランドで発行した切手に、白いカラスとハシグロアビの絵がついているものがある。古い言い伝えを基に描かれたものだ。

白いカラスとハシグロアビの切手

ある時、カラスとハシグロアビがお互いに刺青をしようということになった。最初にカラスがハシグロアビに施し、きれいな模様を作った。次にカラスの番だったが、カラスはたいそう痛がりじっとしていないので、アビは腹をたて刺青の墨をカラスに浴びせた。カラスは焼け石をアビに投げつけ、

アビの装飾。ノルウェー・ロフォンテーン諸島で（上）
文書に番犬として描かれているアビ（下）

それが腿にあたってアビは水底に沈み歩けなくなった。以来、カラスは黒くなり、アビの足は不恰好なものになったのだそうだ。

実際に行なわれていたこととして、ハシグロアビを捕まえて足を紐で縛り、屋根の上に上げて番犬の役目をさせたということが文書にある。誰かが来ると、ハシグロアビは大声で鳴いて知らせるのだそうだ。私は一〇年ほど前、ノルウェーの西に位置するロフォンテーン諸島を巡ったとき、とある建物の屋根の上にハシグロアビの装飾がついているのを見た。海にいる鳥がなぜ屋根に飾られるのか不思議に思ったが、この言い伝えを聞いて納得したことである。ここグリーンランドでもハシグロアビは天気予報者になっていた。

（二〇一〇年四月）

7．フェロー諸島
―アビ伝説はすでに遠く―

遠く北の海に浮かぶ小さな孤島フェロー。昔この島の古老たちは、アビが鳴きながら頭上を飛ぶのを見るとき、「〈あの鳥は、肉体から離れていく人の魂に付き添って天国に行くんだよ〉と親から聞かされたっけ」と回想した。昔の人びとは、死んだ親しい人たちの最後の長旅に、アビが付き添うものと固く信じていた。

そんなうつくしいアビ伝承が存在した地に行ってみたい。私はずっとその思いを持っていたが、ある北欧クルーズでフェローに寄る旅があることを知り、さっそく申し込んだ。

二〇一〇年六月、ドイツのキール港から出港した客船はノルウェー、アイスランドを経て五日目にフェロー諸島のトースハウン港に着いた。客船から見たフェロー島の正面の景色は、低いなだらかな丘に、建物が隙間なく建ち並んだ近代的な街並みだった。港には小型船がぎっしりと係留されている。四〇年も前にアイルランドのアームストロング博士が記した伝説の島は、もはや私が想像していたような牧歌的な村でなかった。しかし、よく見ると、建物が途切れた島の両端には緑の丘が見える。シェトランド諸島と同じ景色である。樹木のない滑らかに続くその丘に、いにしえのフェロー人の素朴な姿が彷彿としてこないでもなかった。

フェロー諸島は一八の島から成り、全人口は四万三〇〇〇人、海岸の崖に棲む海鳥は三五〇万羽といわれているほど自然が溢れた平和な地である。フェローとは、古代ノルド語で「羊の島」の意味だそうで、なるほど多くの羊を山肌に見ることができる。しかし、羊は近年アイスランドあたりからつれてきたものだそうで、島の名にちなんでいない。最初にたどり着いた修道士たちが、突き出た半島の形が羊の頭と角に似ているので、フェローと名付けたものだという。

私たちは船を下りて、旧市街の街並みを観光した。可愛らしい小さな家々は色とりどりに塗られている。屋根が草で覆われているのは保温のため、時期になると野の花が咲くそうだ。まるでお伽の国を歩いているような気分になる。白樺の皮が雨どいとして使われているものもあって、興味深い。ここ漁業の国の街には、干し鱈がいたるところで見られた。

フェローの漁民の間では、ハシグロアビはオーシャン・グースと呼ばれ、朝漁に行く途中でその鳴き声を聞くと、天気がよくなるといわれていた。シェトランドのレイングースと

草で覆われた屋根

は反対の言い伝えだが、このようにアビ鳥は、どこの地でも天気と関係を持つ者になっている。

しかし、ここではアビ伝説はすでに失われている。私は日本を出発する前に問い合せの手紙を出しており、「我々にはそのような伝承はない」とフェロー自然史博物館から回答を得ていたのである。

フェローは、ヨーロッパに残された偉大な自然と平和が融合した最後の国といわれている。デンマークの自治領であるが、最近油田があることが分かってきた。この国は、今後どのように発展していくのだろうか。

（二〇一〇年七月）

8．北極の島々（北西航路）
―アビたちの物語を見て聞いて―

北極圏域に分布していた数ある魅力的なアビ伝承のなかで、もっとも普遍的に知られ、今でも言い伝えとして存在しているのは、「鳴くと雨になる」と、「目を治す」という二つのようだ。今まで書物の上からの知識だったこの二つに、まさにその地の北極の島々で実際に接することができたのであるから、それは私のアビへの思いの集大成になったような気持ちでいる。

二〇一〇年八月、私は北西航路の旅に参加した。北西航路はカナダ北極諸島の間を通り抜けていく大西洋と太平洋を結ぶ航路である。夏でも氷山に阻まれて航行は難しかったのが、温暖化によって氷の範囲がせばまり、結氷期間も短くなってきた。そのため航行可能になり、二〇〇七年から航路が開通された。

私は北の大地が好きだ。ツンドラが大好きなのである。一三日に成田を出発、トロントで一泊し、翌一四日グリーンランドのカンゲルルススアークに着いて、これから一四泊一五日の旅をする「クリッパー・アドベンチャー号」に乗船した。「クリッパー・アドベンチャー号」は四三六四トンの砕氷船である。そう、この船の「冒険号」の名は、かつて極地探検を行なった人々の足跡を辿る我々にふさわしいではないか。だがその時、その名の通り、この旅の最後に「冒険号」での冒険が待っているとは予想だにしなかった。

さて、各国からのツアー客一一〇人を乗せた船はグリーンランドの三ヶ所の地をまわり、カナダ・バフィン島を経由して、八日目から島への上陸がはじまった。航路の多くの島々は、ほとんどが無人島である。上陸には船から下ろしたゾディアック（ゴムボート）を使う。北極諸島の無人島にはどこにも多くの海洋生物や海鳥などが見られる。最初のデヴォン島は世界最大の無人島だそうだが、そこの湖には七羽のアビがいた。

この後八ヶ所の島に上陸したが、これら極北の島、ツンドラの地にはだいたいアビの姿があった。空高く一羽で飛んでいく姿を見ることが多い。飛ぶアビを指して、ベルナデッテが、「鳴くと雨が降るといわれるのよ」

と言った。彼女はバフィン島に住むイヌイットで我々のツアーにスタッフとして同行している。私は狂喜する思いだった。あの伝説通りの話をじかに聞いたのである。私は、

「そうだってね。アメリカやヨーロッパでは『レイングース』という名前がついているのよ」

と言ったが、彼女はそれは知らなかった。

また彼女は「目の治療師」の伝説も教えてくれた。サマセット島には「ルーン（アビ類）の石」といわれるものがあった。大きな石の上に二個の小さな石が乗っており、そのような石が三個湖に向かって並んでいる。

「これを次つぎに飛び越えて湖に入ると、目がみえるようになるって言われてた」

この島には昔イヌイットが住んでいた。彼らの生活の残り香があった。

このように北極圏域の伝説を、その地で、それを生み出した民族から直接聞くのはまったく感無量であった。

北極諸島は言うまでもなく、多くの極地探検家たちの命を奪ってきた悲劇の地でもある。ビーチ島には墓碑が三体並んでいる。一八四五年、極地探検のイギリスのジョン・フランクリン隊が氷山に閉じ込められ越冬した際、そこで亡くなった三人が埋葬されたものである。

ルーンの石

十分な装備を整えた軍艦でやってきたジョン・フランクリン隊一二九人は、その後消息を絶った。

墓を見てから、さあ歩き出そうとしたときである。小高い丘の上で見張りをしていたスタッフが叫んだ。

「ホッキョクグマがこちらに向かっている、すぐ船に戻って！」

船中では、ホッキョクグマが見たいとあれほど熱望していた皆であったが、そうなると大慌てでゾディアックに飛び乗り、沖に停泊している船をめざしたのである。

キング・ウィリアム島は人が住む島だ。ノルウェーのロアール・アムンセンが氷山に阻まれ、二冬を過ごした島である。その間イヌイットに極寒の地を生き抜く術を学んだ彼は、そのあと乗員六名の小さな四七トンの船で北西航路横断に成功した。

デヴォン島には一九二〇年代、カナダ連邦警察の拠点が置かれていた。駐在員二人がいたが、それぞれ自死、事故死という痛ましいものになった。〈こんなところにたった二人で……〉と思わせる荒涼としたツンドラの岸辺に、古びた彼らの小屋や墓は今もたたずんでいる。

イヌイットの女性ベルナデッテとアユの二人が、親善大使としてツアーのスタッフになっていたので、私たちはこの北方先住民族の文化にいろいろとふれることができた。

バフィン島ではビジターセンターで、私たちへの歓迎会が催された。イヌイットの伝統的なのど歌は、女性が二人で近々と向き合い、のどから唱えるような声を出すものである。ドラムを打ちながら踊るダンスも独特なもの。またキング・ウィリアム島の子どもたちの遊びはお手玉、あやとり、けん玉などで、日本とたいへん似通っていた。

そして、そこでアビ、オオハムが、人びとの生活用具として使われていたことを目にした。胴体が火をおこす道具としての役目を担っていた。背中を丸くくりぬき中にワタスゲの穂を入れ、そこに火打ち石でおこした火をつけたのだそうである。

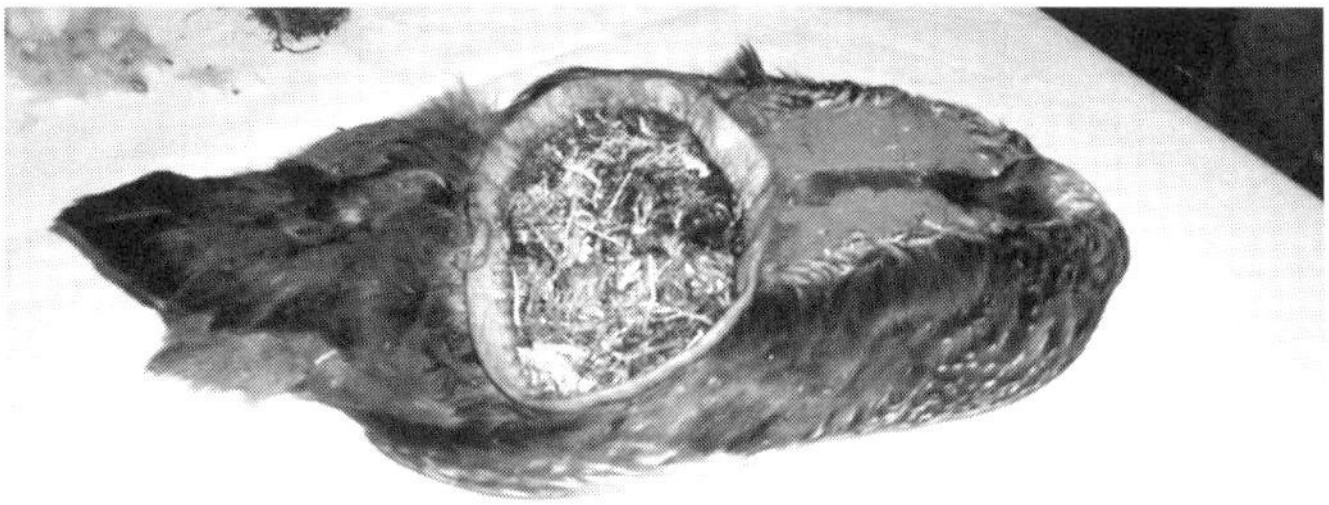

火をおこす道具として使われたアビ

剝製のような体裁で、手にとってみると古びた鳥の羽は埃が立った。そばにいたアユが説明してくれた。

「昔から行なわれていた風習よ。他の水鳥では駄目でアビ鳥でなければいけないことになっている」

「ふーん　なぜ」と聞く私に、

「その理由は分からないけど」

と、アユは頭をふった。

また側に展示されていた防寒具には、頭巾の部分にアビの皮が用いられていた。

アビ鳥は、北極圏の地域によっては絶対的な鳥霊信仰の対象にされたが、他方の地域では逆でありこのように実用的に使用された。これもまた実証できた旅になった。

一五日目、好天気、海もまったく穏やか、午前中に最後の無人島（八ヶ所目）上陸も果たしていよいよ旅も終わりである。午後、乗客全員くつろいだ時間を送り、ラウンジにてお別れ会を開いていた。その時、ガガーンという音とともに大きく船が揺れ、私たちは床に伏せた。大音は三回続き船は停止した。浅瀬に乗り上げたのである。

ラウンジに緊張が走った。

「直ちに救命具を着けて、ラウンジに集まれ」

リーダーの指示に、全員部屋に救命具を取りに走り、ラウンジに整列した。しかしその後は何も起こらず、一時間後にリーダーの説明があった。

「船の損傷は軽微で沈没の危険性はないから、私たちは安全だ」

この海峡は浅瀬が多いといわれている。三年前に開通したばかりの北西航路には、まだ十分な海図が整っていない。その夜、まるで浅瀬の上の人間を慰めるかのように、天空にはオーロラがいっぱいに広がり、あでやかな天女の舞を舞った。

翌々日、救援にきてくれたカナダ沿岸警備艇アムンゼン号で、私たちは救出された。この楽しく得がたい旅は、思いもかけない座礁というハプニングで幕を閉じたのである。しかし、極北の海の旅はこれが本来の姿だということなのかもしれない。

（二〇一〇年九月）

付章　共生の記憶を世界にみる

1. 北海の小島でカモと生き抜く

昔、人びとは自然の恵みに生き、自然を畏敬してともに暮らしていった。それは今もその名残りをみることができる。この二日間に、野生生物と人との共生を扱ったテレビ番組を立て続けに見た。

平成一八年（二〇〇六）八月二六日にＮＨＫで「探検ロマン世界遺産―カモと島人のワルツ」が放映された。

野生との密接な共生は、アビ鳥だけではない。遠く北海にある小島でも、大昔から鳥と人間との持ちつ持たれつの固い絆が存在していた。

ノルウェーの西海岸に位置するヴェガ群島。約六五〇〇の小島がノルウェー海沿岸にちりばめられている。そこで一〇〇〇年以上も前から、ある鳥と人とがお互いを必要としてともに生きてきた。ある鳥とはケワタガモ（ホンケワタガモ）。この鳥は営巣時に、自身の胸の毛をむしりとって巣に敷く材料にする。その羽毛はヒナの巣立ち後採取され、最高級品の羽布団の材料になるものである。

ヴェガ群島の一つのローナン島。北緯六六度の厳しい環境にあるが、昔は人が住みついていて、自然の恵みのカモの羽毛で生き抜いてきた。羽毛は珍重され、交易で黄金に匹敵するほどの値がつき人びとをうるおしてきた。その島も三〇年前には人が去り、今は夏の三ヶ月間だけ数人が滞在してケワタガモの世話をしている。

五月、島に渡ってきたケワタガモは家屋の縁の下や小屋に巣を作り、ひと月ほど餌も食べずに卵をあたためる。今は六〇〇羽ほどが営巣する。しかし油断はならない。カワウソやミンクが卵やヒナを狙ってやってくる。また卵やヒナが凍えてしまう大風も大敵である。人びとは毎日見てまわり、鳥の背をなで、話しかけ、風をさえぎる板を張って慈しむ。鳥と人との濃密な信頼関係が、北の島でともに命をはぐくむのである。

やがてヒナが孵る。親はヒナを連れて海に出る。うまく海にたどり着けるか、ついていけないヒナはいないか、と人びとは注意深く見守る。そこまでが人間の責任と考えるのである。落伍したヒナがいれば暖めて元気にして、他の親鳥のもとに入れて命を吹き返す。

カモが去ったあと、人びとは巣に残された羽毛を集める。母鳥が自分の最もやわらかい胸毛をむしったもので、世界最高級のダウンである。世話をした人たちは、これをカモからの家賃だと考えている。

六月の終わり、入江には多くの親子連れのカモが泳ぎ、やがて沖へと去って行く。と、ともに暮らした人の一夏も終わるのである。

島の人びとは、〈人間が自然を尊敬し大事にすれば、自然からお返しが得られる〉と固く信じている。そこには同じ太陽と風の中で生きている鳥と人との連帯感がある。ヴェガ群島は二〇〇四年、ユネスコの世界遺産に登録された。

2．コウノトリの恩返し

その翌日の平成一八年（二〇〇六）八月二七日、NHKスペシャル「コウノトリがよみがえる里」の番組もまさしく、〈人間が自然を尊敬し大事にすれば、自然からお返しが得られる〉の実証であった。

二〇〇五年九月、兵庫県豊岡市で日本初のコウノトリの放鳥が行なわれた。四〇年前に絶滅したコウノトリを人工飼育で増やして、自然に帰すという試みだが、野外復帰には、環境を整えなければならない。農家の協力を仰ぎ、水田一〇〇ヘクタールが低農薬、減農薬農法に変えられた。そしてその結果、そこでとれる米は高品質で「コウノトリが保証する米」として有名になり、高値で売れていったのである。

3. イルカとの共生

■小さなクジラ・スナメリ漁

かつて、広島県竹原市沖の忠海、阿波島付近はスナメリが多く泳ぐ海域であった。スナメリは小型クジラで、小ささでは世界でも一、二を争うほどである。体長は二メートルもなく、体重は六〇キロくらい、頭は丸く愛くるしい顔をしていて人気がある。

忠海では一〇〇頭、一五〇頭くらいの群れでいた。ここでは豊島のアビ鳥が果たす役割をスナメリが担っていた。すなわち、漁民がスナメリを利用してタイを釣っていたのである。地元ではスナメリを「でごんどう」あるいは「ぜごんどう」と呼ぶ。

文献では、文化四年（一八〇七）、忠海村漁民の浜岡栄作によりスナメリ網代漁（でごんどう漁）が考案され、忠海村の十数家族のみが認可されたひじょうに珍しい漁法、とある。

漁法はアビ漁と同じで、スナメリが追いつめるイカナゴをタイが追いかける。それを漁民がかたわらでタイを一本釣りで釣る。多くの魚を与えてくれるスナメリを漁民は神と信仰し大切にした。阿波島付近にスナメリを祀った祠を建て、お神酒を供えて参拝し、それから漁を行なった。漁民はスナメリとともに生きていったのである。しかし一九六〇年代、動力船が航行するようになってからスナメリは激減し、この漁法も廃れていった。

この海域は昭和五年（一九三〇）にスナメリ回遊海面として、国の天然記念物に指定された。当時、鯨油業者がスナメリから油を採取するため銃で捕獲したことから、阿波島周辺海域を天然記念回遊水面とした。ただ、これは、スナメリ網代漁従事者の漁業権を守る目的で指定されたもので、スナメリ自体の保護ではなかった。

今スナメリは、忠海、阿波島付近ではたまに見ることができる程度である。

■イルカが魚を追い込んでくれる

井上こみちさんの書に『海からの使者イルカ』（一九九一年七月、ライトプレス出版社）がある。

西アフリカ・モーリタニアに住む漁民の少数民族イムラゲン（漁をするアラブ人の意）は、

一一月になるとやってくるボラを、イルカとの共同作業で捕獲する。七〇〇年間も続く伝統漁法だ。時期になると男たちは海岸に出てひたすら海を見つめ、ボラがやってくるのを、イルカがやってくるのを、何日も何日も待つ。ボラはイムラゲンの主食である。

ボラの姿が見えると、漁民は水面を棒でたたく。イルカを呼ぶのだ。イルカの群れは大きくジャンプし、それに圧されてボラは追いつめられ、浜へと追いあげられる。そのボラを漁民は浅瀬で網をひろげ待ち構えて捕る。そのそばでイルカは大きな口をあけてボラを飲み込む。楽に魚が取れるのである。

漁民は、イルカとボラはイスラムの神がイムラゲンにあたえてくれたもの、自分たちイムラゲンは特別に神から愛されている、イルカは神からの使いである、と思い深く敬愛している。不漁がつづくと呪術師に依頼して儀式を行う。呪術師はイルカを浜に呼び寄せる力を持っていると信じられている。そして、イルカは必ずボラを追いながらやってくる。

ボラが少なくなった。イルカもなかなかやって来ない。近年、漁業会社の大型船が沖を通るようになり、魚を近代的な方法で大量に獲っていく。イムラゲンは船を使わない。船で漁をするとイルカもボラも来なくなると信じているからだ。しかし大型船の出現は自分たちの生活を圧迫することになる。若者の間では、自分たちも船を持ちたいという望みが出てくる。

だが、船を買えばガソリン代のため漁をすることになる。今までのように食べるためだけでなく、必要以上にボラを捕獲せねばならないだろう、それはイムラゲンのやりかたではない、こんなことをイムラゲンがやり始めたらどうなるか。〈イルカの考えを聞け〉と、昔気質の村長は思うのである。

■イルカと一緒に漁をしよう

平成二〇年（二〇〇八）四月二七日のＮＨＫハイビジョン特集「イルカと生きる——ミャンマー・大河に息づく伝統漁」を見た。

乾季になるとミャンマーの川に、海からカワゴンドウという名のイルカがやってくる。地元の漁民がイルカに「一緒に漁をしよう」と呼びかけると、イルカは魚の群れを漁民の船のほうに追い込んでくる。漁民は網で魚を捕り、そのとき網からこぼれる魚をイルカは食べて満足する。川の恵みをともに分けあって暮らしてきた。

野生のイルカと人の間に、コミュニケーションが取れているのがすばらしい。イルカは尾びれで人間と言葉を交わす。「漁をしよう」「ついてきて」「網を用意して」「網を投げて」などの合図を、尾びれのたたき具合で人間に送る。

この漁法は、語ってくれた老人が自分の祖父も行っていたというからずいぶん昔から行われていたらしい。だから人間と同じように、イルカのほうも代々受け継がれていっているものなのだ。野生と人間との共生、お互いの信頼関係で成り立っているのはアビ漁と同じである。

しかしこの漁もすたれつつある。やってくるイルカが減少している。漁師になり手が少ない。政府は補助金を出すなどして、この漁法を保護する政策をとっている。

〈著者略歴〉

百瀬淳子（ももせ　じゅんこ）

宮崎県出身

1966年から68年および88年から89年にかけてフィンランドに滞在、そこでアビとの出会いがあった。アビ類（アビ鳥）は、越冬地日本では漁民との間に固い絆があったことが分かり、さらに繁殖地の北極圏域には数々の伝承が存在したことを知った。調べていくにつれ人間と関係の深いその鳥に魅了されていき、1995年に『アビ鳥《どり》と人の文化誌―失われた共生』信山社　を出版した。その後もアビ鳥とはさまざまな関わり合いを持ち、今回いわば「アビ その後」というような続編の形での出版になった。

他の著書に『白夜の国の野鳥たち―フィンランドを歩いた日々』1990年 同成社刊　がある。

日本野鳥の会会員。北欧文化協会理事。

アビ鳥《どり》を知っていますか
――人と鳥の文化動物学――

2011年9月15日 初版第1刷発行

著　者　　百　瀬　淳　子

発行者　　石　井　昭　男

発行所　　福村出版 株式会社

〒113-0034 東京都文京区湯島2-14-11

電　話　03-5812-9702　FAX　03-5812-9705

http://www.fukumura.co.jp

組版　有限会社閏月社

印刷・製本　シナノ印刷株式会社

ISBN978-4-571-51005-2　C0045